U1020865

掌控情绪

成就你一生的6堂情绪管理课

杨一云◎著

中国友谊出版公司

图书在版编目（CIP）数据

掌控情绪 / 杨一云著. — 北京 : 中国友谊出版公司，2020.9

ISBN 978-7-5057-4951-1

Ⅰ. ①掌… Ⅱ. ①杨… Ⅲ. ①情绪－自我控制－通俗读物 Ⅳ. ①B842.6-49

中国版本图书馆 CIP 数据核字（2020）第 129160 号

书名 **掌控情绪**
作者 杨一云
出版 中国友谊出版公司
发行 中国友谊出版公司
经销 新华书店
印刷 三河市冀华印务有限公司
规格 700×980 毫米 16 开
16 印张 203 千字
版次 2020 年 9 月第 1 版
印次 2020 年 9 月第 1 次印刷
书号 ISBN 978-7-5057-4951-1
定价 45.00 元
地址 北京市朝阳区西坝河南里 17 号楼
邮编 100028
电话 （010）64678009

如发现图书质量问题，可联系调换。质量投诉电话：010-82069336

目 录

04 愤怒的方向，不只朝向别人，也朝向自己

05 掌控情绪，并没有那么难

06 激发积极情绪，让生活从容向前

序　　言

情绪是我们“生命的指挥棒”“健康的寒暑表”，人人都说情绪很重要，情绪失控后果很严重，人人也都说要管理、掌控情绪，可是真正做到很难，因为对于“情绪”本身，太多的人并不了解它，甚至一直在忽视它。

情绪常常传递一些重要的信息给我们，告诉我们内心真正需要的是什么，点醒我们最在意、最重要的是什么，示意我们该做点什么来改变了，可是，很多时候，我们没有领会它的意思，也没有去深入思考它背后产生情绪的真正原因是什么。

于是我们陷在情绪里出不来，问题越来越严重，然后责怪情绪：你不好，我必须消除你。

我们排斥、逃避与压制情绪，却给自己制造了更多的困扰。

掌控情绪，首先需要认识情绪，要了解、体察自己的情绪，感知情绪下的真正需求。

我们内心不平静的时候说自己焦虑，发火的时候说自己愤怒，但很多时候，我们没有想过，自己为什么焦虑，又缘何发怒？焦虑、愤怒的背后，是不是有其他的情绪和需求？那些反应，可能是个人遭遇了挫折之后的心理防御，也可能是为了掩饰内心的恐惧……只有厘清情绪背后的原因，才能真正解决问题。

而情绪又是主观的，对于同一件事情，每个人的反应不见得一样，甚至差别巨大，说明真正影响我们情绪和行为的，并不是这件事，不是我们看到的“事实”，而是我们的看法，是我们对这件事的解释。

古希腊有句格言：烦扰人的是对事物的看法，而非事物本身。

人的生活是由自己内心坚定的信念指导的。人有怎样的观点，就会产生怎样的情绪，做出怎样的行为。

那么要做到掌控情绪，就需要去掉那些不合理的信念，对于事物保持客观公正的看法，不至于被跑偏的观念触发不必要的烦恼。

管理情绪，不是否定情绪，而是改变过去的情绪处理模式。

掌控情绪，不仅是制怒，不是一定要快乐，也不是做到表面波澜不惊，而是要用恰当的方式来表达情绪。

管理情绪，同时也是一个了解自我、内观自我的过程。我们在分析情绪的时候，其实也在梳理自己的内心和过去，为什么我们会有一触即发的情绪，为什么有时候情绪来得莫名其妙？在解决情绪问题的时候，我们可以通过自我觉察、体验和学习，疗愈那些过去的伤痛，更清晰自己内心所向。

针对情绪问题，本书系统分析了情绪的来源、产生原因以及应对措施，帮助有情绪困扰的朋友，找到自查和自我疗愈的办法，从源头掌控情绪，走出疑惑和烦恼，拥有更畅快的人生。

01

情绪
是我们的内在力量

情绪从哪里来

情绪，是对一系列主观认知经验的通称，是多种感觉、思想和行为综合产生的心理和生理状态。

我们有时快乐，有时悲伤，有时兴奋，有时低迷，这就是情绪，人的所有言行都源于情绪和心理活动。

那么，情绪从哪里来呢？

◎ 情绪来自个人心理需求

情绪是人的内心感受的外在反映。

情绪是一刹那发生的，非常快而直观，人不会经过大脑做仔细思量、分析，做了预测之后再产生情绪，所以，情绪最能反映人的内心真实感受。

心理学认为情绪背后都代表着一种心理需求：比如，悲伤是社会联结功能（求助他人）；愤怒是为了自我防御而攻击别人；恐惧是为了自我保护而回避危险。

情绪聚焦疗法的创始人格林伯格提出了“情绪类型”的概念。他把情绪分为两层，一层是原生情绪，一层是次生情绪。原生情绪是指初始的、基本的内心情感反应。而次生情绪则是对原生情绪反应的随之的情感反应。

分清这两个概念，可以帮助我们分析我们内心真正的需求是什么，我们为什么会有情绪。

很多人被表象的情绪控制，不明白情绪下掩藏的真实感受。

比如，有人心里害怕或者没有底气的时候，很容易发火。这时候，恐惧是他的原生情绪，愤怒则是他的次生情绪。

那么，仅仅让他控制脾气，不要发火是没有用的，治标不治本，只有解决了恐惧这个根本问题，才能真正解决愤怒的情况。

◎ 情绪来自个人的思维习惯

情绪是在我们的日常生活中形成的，并且也和吃饭睡觉一样，有习惯的。

从小的家庭环境、受到的教育、个人的经历，都在我们的脑子里留下了印记，同时形成我们的思维习惯，从而影响情绪的形成。

有的妈妈从小教育儿子："男孩子，要坚强，不准哭。"孩子会认为哭表示脆弱，他如果哭，内心是会有羞愧感的，于是他习惯于压抑情绪。

有人很少得到家人的认可，无论自己做得再好，也比不上"别人家的孩子"，于是他认定了自己不行，内心自卑，看人脸色行事。

情绪反应模式源于我们的思维习惯，也就是说，我们认为自己是什么样的人，我们在面对什么事情的时候该有什么反应，常常会有不假思索的行为、下意识的动作和情绪，因为我们的脑子里，像电脑被写入了程序一样，有了固定模式。

下意识的行为常常会犯错，就是因为思维习惯根深蒂固，情绪产生的速度太快，快到理智没法赶在它之前阻止。

◎ 情绪来自身边人

有时候，人会有莫名的情绪，却说不出来自哪里。

阿雅每次回到家，就感觉到压抑，并没有人责备她，她也没受过什么创伤，但她待在家里的时候，几乎感觉不到快乐。

这种情绪，来自她的母亲，阿雅的母亲对自己要求很苛刻，万事力求完美，同样对孩子们要求也很高，虽然她不太打骂孩子们，但她不怒而威的样子，也给了孩子很大的心理负担，尤其对敏感的阿雅，她的心里好像时刻压着一座大山，压得她不能开心，不敢做错什么。

美国歌手、身心灵导师赖佩霞在《我是演说家》里，做过一个演讲叫《幸福为什么那么难》，她说："当你的母亲充满哀伤，你敢快乐吗？"

很难。因为这时候的快乐，形同一种背叛。我们根本没有办法忍受这样的罪恶感，所以我们宁愿赔尽自己的幸福，也不敢快乐，也不敢背叛他们。

那些说不出、搞不清来源的情绪，很可能来自身边亲近的人，我们受了他们的影响，承接了他们的情绪，潜意识里想要帮他们分担，不知不觉，感染了同样的情绪，出不来。

我们受了他们情绪的影响，并且学会了他们处理情绪的方式。

所以，情绪也可以被分为与生俱来的"基本情绪"和后天学习而来的"复杂情绪"，基本情绪和原始人类的生存息息相关，复杂情绪则是经过人与人之间的交流或者教育学习到的。

既然情绪处理方式是可以掌握的，那么我们完全可以通过自己的努力，改变过去的思维模式，更好地管理情绪。

◎ 情绪来自自我认知

心理活动让我们表现出各种情绪，而这些心理活动，每个人是不一样的，因为，每个人的自我认知不一样。比如有人否定我们，对我们不满，一般人难免内心抵触，急躁，想要反驳，但有的人不会，他们的第一反应是愧疚，会感到抱歉，无论是不是自己的错，都会反省自己。

这跟人的自我认知有关，也叫自我意识，是个体对自己的洞察和理解，比如自己的感知、思维和意向等方面，以及自我评价，即对个人的想法、期望、行为及人格特征的判断与评估，这是自我调节的重要条件。

自我认知有一个不断完善的过程，并且影响个人对事物的归因，一系列的心理活动会产生各种情绪。就像前面说的，一个看不到自我优点、自卑的人，在面对别人的无端指责时，会表现出畏缩、自责、愧疚。

◎ 了解情绪来源，管理好情绪

情绪的拉丁语词根意思是“移动”，也就是说，情绪是会改变的，在不同的时期，在不同的场景，我们的情绪不可能一样。

并且，情绪的处理模式可以掌握，能够改变，比如做好情绪的自我调节，能改变对事物的悲观解释风格，获得乐观的心态，关键在于失败和处于低谷的时候，我们要学习那些乐观的人的办法，改变自己习惯性处理情绪的方式，不再用消极的思考和方法来面对现状。

了解了情绪的来源，有助于我们分析、观察情绪，继而管理好它。我们允许负面情绪存在，但不能任由它摆布，要控制情绪，首先，就要觉察到自己的情绪，当我们跳出自身局限，做一个观察者来看自己，理智才能占据上风，才能更好地管理情绪。

对“情绪管理”的几大认识误区

人人都说要管理情绪，可是做到很难，之所以无法“管理情绪”，是因为对这四个字有误解。

有人以为悲观，是因为感觉不到快乐和喜悦，但其实，悲观者只是维持不了快乐的情绪。

有人感觉焦虑，就想着转移注意力或者逃避，但其实，直面它，才能真正干掉它，而且过程一点都不可怕。

有人以为随意发火，就是不会管理情绪，但其实，憋着火不发，才是更大的情绪问题。

下面我们来看一下，常见的几种情绪管理的认识问题：

◎ 情绪没有好坏之分

把情绪分好坏的认识，是可以理解的，是从情绪可能引发的行为后果来看待情绪的，但其实，就情绪本身而言并没有好坏之分，只要是情绪，就有它的作用。

有一些情绪我们不喜欢，比如忧愁、害怕、愤怒，但并不代表它们没有意义，而且，所有的情绪之间是存在千丝万缕的联系的，如果阻隔掉所谓的“坏情绪”，人也同样感受不到那些“好情绪”了。

心理学家约瑟夫·福加斯用了将近40年的时间，研究情绪会对我们的行为产生怎样的影响，他说："负面情绪能让我们意识到，我们正处在一种富有挑战性的新环境中，需要我们采取更加专注、细致和敏锐的思维方式。"

此外还有研究发现，当情绪低落时，我们能更加敏锐地注意到社会中的各种信息，还能鼓励人们更加公平地对待他人。

有一部动画片叫《头脑特工队》，生动描绘了情绪如何在人脑中发挥作用的，以及如何塑造人际交往的，导演彼特·道格特把情绪想象成五个小人住在一个正在经历成长烦恼的11岁小女孩赖莉的脑海中。

这五个小人，分别代表着快乐（Joy）、悲伤（Sadness）、愤怒（Anger）、恐惧（Fear）和厌恶（Disgust）。

在12岁之前，小女孩的记忆，几乎都是快乐的。她住在明尼苏达，有爱她的父母，有好玩伴，可是因为搬家，小女孩必须适应新的环境，她陷入前所未有的情绪危机之中。

在一次Joy和Sadness的争抢中，两个情绪小人随着所有的核心记忆球被阴错阳差地输送到了大脑控制室之外的区域。它们必须及时回来，否则赖莉将无法感受快乐和悲伤的情绪。

感受不到快乐和悲伤情绪的小女孩，性情大变，本来乐观的她成了一个愤世嫉俗的少女。

在这些情绪中，Sadness是最不受欢迎的，因为只要它一出现，小女孩就只会大喊大叫和哭闹。Joy并不理解Sadness，而Sadness也因觉得自己无用而感到自卑。而在整个颅内旅程中，多次逢凶化吉都是因为Sadness。面对危险时的逃避，让Sadness成功度过了"抽象思维区”：对 Bing Bong[①] 悲伤的共情获取了朋友的信任；造梦区域中，Sadness“惊吓”的想法也远比 Joy 的有效。

而全片最感人的一段，是 Bing Bong 的牺牲，Bing Bong 的牺牲也使得 Joy 悲伤不已，在自己切身体会到悲伤的情绪后，Joy 才真正懂得了悲伤的意义。

这部动画片，用无与伦比的想象力，说明了一个问题：情绪没有好坏之分，正是因为各种情绪的存在，我们才能感受到多彩的世界。

不要认为某种情绪是不好的，用消极的方式去压抑、逃避它们，这样反而容易陷入负面情绪里出不来。

◎ 不是不能悲伤，而是要有维持快乐的能力

有人以为悲观，是因为感觉不到快乐和喜悦的情绪，但其实，他们只是维持不了快乐的情绪。

国际知名心理咨询与治疗专家约瑟夫·J. 卢斯亚尼在《自我训练：改变焦虑和抑郁的习惯》中写道：有抑郁症的人，很难打起精神来做任何事情。他们就好像是开车的时候，一只脚踩在油门上（相当于人自身的健康需求），而另一只脚却踩在刹车上（相当于歪曲事实的负面解读），当然就总是会觉得寸步难行、沮丧和气馁了。

大部分的悲观主义者，当然没有到得抑郁症的地步，但他们的内心，也是一样，在给快乐加油的时候总踩着“刹车”，内心时刻在告诫自己“要沉稳，不可以得意忘形”“不要太过享乐，吃苦耐劳才是生命的本质”“这不是真的，

① Bing Bong，小女孩儿时的幻想朋友。

快乐是短暂的总会过去，只有悲伤或者平淡的生活才是真实的”。

在他们感受到快乐和幸福的时候，总是给自己很多的限制和抑制，当然无法维持内心的快乐，久而久之，他们很难再感受到快乐和幸福。

那么在管理此类情绪的时候，我们得松开“刹车”，给快乐加点油，让我们身体的小车，平稳地行驶在人生的道路上。

◎ 不是不要焦虑，而是要少想多做，让压力变成动力

生活中让人焦虑的事情太多，但每个人的应对都不一样，有人能冷静处理，看起来宠辱不惊，而有人遇到难题，首先怀疑自己的能力，进而恐惧、退缩，使焦虑感加剧，但其实，直面它，一点都不可怕。

在遇到问题迟疑、害怕、退缩的人，很多都是因为想太多，心理学上有个词叫“思维灾难化”，意思是人们在遇到不如意的事情的时候，把这件事看成是可怕的、糟糕的、灾难性的事情，从而导致人们在经历这些事情的时候，感觉到真正的灾难。

有人找不到和人聊天的话题，特别害怕尬聊，他就把与人交往想成一件可怕的事情，能避免就避免，甚至自嘲有“社交恐惧”，其实，他恐惧、焦虑的只是担心自己表现不好，给人留下不好的印象。

这真的是想多了，当他大胆地走到人群里，和人交谈的时候，会发现，并没有那么多人时刻关注他的言行，即使他当时表现不够好，别人也并没有注意到，过后更不会记得。只有他自己，用想象中的问题，来折磨自己。

◎ 不是不生气，而是在生气的时候，还能保持理智

有人以为随意发火，就是不会管理情绪，但其实，憋着火不发，也是不会管理情绪。

把情绪表达出来，和把情绪发泄在别人身上是两回事。一个人有情绪，并且能够表达出来，甚至与别人讨论自己的情绪状况，是成熟的表现。

人都有情绪，在开心、情绪稳定时，积极地解决问题，很多人都能够做到，但是在面对困境、在怒火不可遏制的时候，冷静地处理问题，却是个难题。

我们在愤怒的同时，必须是理性的，而不是不管不顾的。愤怒之所以让人厌恶，在于怒气奴役了人的心，做出愚蠢的决定、冲动的事情，当怒气消去、理性回归的时候，我们悔恨不已。

"老好人"普遍害怕冲突，不会发火，但他并不是没有情绪，闹得自己很憋屈，甚至到抑郁的地步，这种情况，和随便发怒一样，都是不能理性处理情绪。

管理情绪，意味着对情绪进行调节和疏导，把它们控制在安全范围内，不至于影响我们的判断、左右我们的行为。

准确的情绪表达是为了向对方准确传递信息，同时也是有效地保护我们自己的方式，就像我哭了，表示我伤心，你伤害了我，或者某事引发了我内心的隐痛；我生气了，因为你的行为让我愤怒，请你收敛。

任何情绪的表达都应该是被鼓励的，这样有利于别人了解你，也利于自我情绪疏导、身心健康。

那些逃避的方式看起来温和，长期如此，却是有害的。

管理情绪的根本，是要了解、体察自己的情绪。

管理情绪，不是否定情绪，而是改变过去的情绪处理模式。

成年人，要学会管理自己的情绪

村上春树说：“你要做一个不动声色的大人了。不准情绪化，不准偷偷想念，不准回头看。去过自己另外的生活。你要听话，不是所有的鱼都会生活在同一片海里。”

人的情绪只能自己消解，你说的，别人不一定懂，即使懂，也不一定真的理解你的心情，毕竟，感同身受是可遇不可求的事情。

◎ 不要随便闹情绪，人生需要自己埋单

拿破仑说：“能控制好自己情绪的人，比能拿下一座城池的将军更伟大。”

人在有情绪的时候，很容易抱怨、发脾气，爱找朋友吐槽，殊不知，那些发过的牢骚、对别人倾倒的情绪垃圾，不能“降解”，会污染自己生活的环境。

久而久之，大家都很烦他远离他，他的身边，只有同样爱嚼舌头聊八卦的人，生活只会越过越不如意。

一个管理不好自己情绪的人，怎么能管理好人生?

闹情绪从来都解决不了问题，相反，它只会影响我们正确的判断，消磨自己的心智，把心思放在焦躁、恼怒上，这时候的人，不会想办法去解决问题，而是想要发泄，想把问题的原因转嫁到别人身上。

认为一切都不是自己的问题，所以很多人宁愿花几个小时来抱怨，也不去想办法解决问题。

问题已经存在，不会因为抱怨而被解决，也不会因为是别人的错而消失。

所以，任意发泄情绪的后果，就像滚雪球，卷起一个接着一个的问题，最后，还是得自己承担后果。

◎ 对自己的情绪负责，没有必要为了别人的理解，一遍又一遍地解释

人生在世，我们渴望得到知己，希望有人能了解自己，看到我们的痛苦，体谅我们的难处，安抚我们的憋屈。

所以，我们常常解释自己，“我其实不是别人说的那样的人”“他们不该用那样的词评价我”……

这虽然可以理解，但对于解决情绪问题，并无太大效果。

我们渴望别人的理解，本质上是把自己的幸福感寄托在别人身上。

有人理解我、赞同我，我便获得了快乐和满足。反之，我像生活在一片孤岛上一样，没有人分担我的忧愁。

但是，每个人都是站在自己的角度看问题，他愿意接受的观点，都是自己认同的，他愿意听的话，都是自己觉得对的。所以，渴望别人的理解，往往会让自己失望。

◎ 成年人，要学会管理好自己的情绪

给自己力量，解决自己的情绪问题，不把自己的情绪交到别人手上，我们才有可能解决生活中的难题。

1. 问题不在于发生了什么，而在于如何诠释

管理好情绪，首先要改变的，其实是个人认知，是改变自己对事物错误的、片面的理解。

“一念即魔，一念即佛”，一个想法的差别，就是从佛到魔的转变。我们脑海里的观点、信念、规条、三观等，都会左右我们的行为，影响我们的情绪。

但其实决定我们情绪和行为的，并不在于真正发生了什么的事实，而在于我们对这件事的诠释。

小米很讨厌上司，认为上司独断专行，以至于看到上司走过，心里都会不舒服，也常常对同事抱怨，影响到工作。而上司是不是真如她所说有这样的问题，并不重要，重要的是，她已经认定如此，那么，她只要见到上司，就会有抵触情绪。

而如果她改变一下对上司的看法呢？

上个月，小米工作上取得了一些业绩，上司专门为她设了庆功宴，说了很多鼓励、认可她的话，她突然发现上司也没那么讨厌，过去的行为都是为了公司，转变了看法之后，以前抵触的情绪没有了。

古希腊有句格言：烦扰人的是对事物的看法，而非事物本身。

所以事实如何，对于情绪来说并不重要，是我们对事件的解释让我们产生了情绪，需要改变的是我们的信念和想法。

2. 让自己的情绪有个好的“底色”

管理情绪，还需要我们给自己的情绪“打底”。

如同化妆，在描眉画眼之前，上底妆让脸色显得更好，是基础的一步。

人的情绪，也是有“底色”的。

一个“情绪底色”好的人，更容易感受到快乐和幸福。就像从小在和谐家庭长大的孩子，对自己对未来更有信心。

比如乐观的人，不容易被一件不幸的事情击垮信念。而长期悲观的人，也很难通过一个幸福的瞬间，让他对生活充满希望。

因此，人长久地感受到快乐和幸福，需要维持一种状态，是内心相对稳定，不为外在环境产生太大的影响。

给情绪“打底”，除了自我的价值感之外，还需要对世界有客观认识，看到事情发生背后可控制、可改变的因素，让自己看到希望。

3. 管理情绪不靠克制

人的心情时好时坏，可能因为期望没有达到，或者因为失去，但情绪稳定，并不等同于心如止水，无欲无求。

管理情绪并不靠克制，不靠放弃欲望。

得不到的东西安慰自己说不想要，敢怒不敢言的事情尽量逃避，这样的人看起来情绪稳定，其实生活烦闷，内心很“丧”。

真的不想要也就罢了，问题是，许多人以为是自己不想要，其实是不敢要。没有得到内心真正想要的东西，怎么会有长久的快乐和幸福呢？

没有入世之前，莫谈出世。追求过、得到过，才有资本说，原来不过如此；经历过、失败过，才有底气说，一切不容易。

管理情绪，要有行动，看清现实，从中找到转机，承受当下的情绪，并且正向思考，好情绪源于自我管理。

英国政治家班杰明·迪斯雷利说：“行动不一定伴随着幸福，但不行动必定无法幸福。”

管理好自己的情绪，我们会发现，自己其实有能力选择过得开心还是难受，也能够改变不满意的生活。

太多的正能量，也是负荷

人生路上，每个人身上都有太多的负荷，我们用正能量的话支撑自己、鼓励身边人，坚持下去。

甚至有人感觉生活特别丧的时候，会要求别人“来点正能量”“打点鸡血”。

我们要求自己自律、乐观、好学上进，不允许悲观、抱怨、半途而废，我们在朋友圈分享美食、美景和美美的自己，我们每天早上都想开启元气满满的一天。

而有时候，太多的正能量，也成了我们身上的负荷之一。

◎ 在心里给负能量留点位置

我的一位海归朋友曾说，中国同事和美国人很不一样，美国人说话直接，而中国同事特别隐忍，几乎不生气，好像对任何的不公平都能接受，后来她发现，同事们不是不生气，而是常常互相劝慰“不要和恶人一般见识”，他们也这样安抚自己的情绪。

可是，他们真的不生气吗？并不会，他们只是习惯性地把不满积压在心里，时间久了，很多人都出现了情绪问题。

中国台湾节目主持人蔡康永说：“我们这个社会太不容许别人哭了。”我们岂止是不容许别人哭，我们对自己也是够狠的，常常眼泪刚开始在眼眶里打转，就会被自己喝住："你脆弱给谁看？"

可是不哭，只是眼泪被吞进了肚子里，不代表岁月就静好了。

我们把自己炼成了"金刚不坏之躯"，生活健康、勤于锻炼，一手抓学习一手抓工作，爱情暂时还没有抓住也安慰自己不要着急，要成为更好的自己，不是有句话这样说吗："我若盛开，清风自来。"

每天早读打卡、运动计数、工作996，为了保持身材中午还只吃沙拉，我们的生活充实到每一分，连坐地铁的碎片时间都用来听书。一点点的失落只存在于深夜时候矫情的朋友圈，而第二天一早醒来，就会删了它。

可是如此精进自我的人们，为什么每天活得那么焦虑？哪哪儿都不对，学习、工作都没进展，上天并没有因为勤奋而善待我们，满身正能量的我们，为什么比那些"废柴"的压力更大？

——因为你没有在心里，给自己的"负能量"留点位置啊，把它们都赶走了，正能量也没了力量，没了用处。

正能量与负能量本是物理学名词，是人们给它们赋予了感情色彩，而且现在"负能量"这个词大有被妖魔化的趋势，人人敬而远之，似乎抱怨一下就是负能量，倾吐不快也是负能量，但人就是有不开心，有烦恼的呀，不给负能量留点空间，人的沮丧、焦虑、愤怒等情绪，该如何排解呢？

我们的每种情绪都不是单独存在的，而且所谓的负能量有不可或缺的价值。我们阻止负能量的存在，实际上是在减少正能量的力量。

◎ 鼓励有时候也会给人压力

前面说不要给自己打太多"鸡血"，要让负能量存活，同样对情绪低落的亲人和朋友，也不是只有鼓励的话奏效。有时候太多的正能量，也会给人压力。

就像刘先生的烦恼。

他的妻子特别“善解人意”，即使他事业跌到谷底，也从来没指责过他，一直陪伴他、安慰他，可是，妻子的做法却让他感觉压力非常大。

他有时候会和妻子说几句消极的话，类似做得太难了坚持不下去，真想放下一切去度个假之类的。

妻子听后，莞尔一笑，回答他，“亲爱的，困难都是暂时的，只要你坚持，一定能行的；你可不要放弃啊，你好不容易有了点成绩；我相信你能够东山再起，你一定没问题的……”

刘先生说，妻子一直在鼓励他，给他打“鸡血”，特别害怕他泄气。他也一直在努力、在尽力，但情况却是越来越糟。

他现在甚至有点害怕妻子问起他工作的事情，就像孩子不喜欢听父母问“你作业写完了吗”一样。

她每天就像给一个机器上发条，让它重新开始运作，而自己就是那个机器。

有时候，他觉得妻子不是爱人，更像他的上司。她把道理捏碎了讲，把鞭策的话换着方式说，没有一句话是错的，也从来没有给过他负能量，可是他，怎么就听得那么累呢？

在不同的情境下，鼓励的作用是不一样的。

如果一个人自己内心压力在能承受的范围，那么他人鼓励的作用是正向的，能让他感受到过去自己做得不错，继续努力是肯定的言语。

可是，如果一个人内心的负荷已经大到一定程度时，太多的鼓励不仅不能继续激励他，反而会增加他的心理负担。

他本身血槽已空，面对“要对自己有信心”“凡事正向思考”等话语，他心情更低落，他的大脑在告诉自己：骗谁呢？我就是不行，是个失败者好吗，说一万遍“我最棒”也改变不了现实。

而且那些正能量的话，类似鞭策，听起来是，你并没有尽全力，因为，你还可以“做得更好”。

这时候，他们往往会觉得没人体会自己的痛苦，还会有一种“我太差劲，真的做不到”的自我否定。

人一旦有了这种负面情绪，越多的激励反而效果越差。所以，激励也要适可而止，过度了同样让人情绪不适。

对于刘先生这样内心精疲力竭的情况，他更需要的是太太的接纳和安慰，是发自内心的肯定，允许他松懈一下：好呀，度个假也不错。

太多的鼓励，表示你做得不够好，还需要继续努力。而肯定，意味着接纳，表示没关系，即使你做得不够好，我也能接受，也一样爱你。

◎ 太多的正能量，其实基于不知道自己想要什么

生活中很多有太多正能量的人，爱给自己打“鸡血”，其实根本原因在于，他们渴望成功，却并不清楚自己真正想要的是什么，或者给自己设定了过于虚妄的目标，以至于找不到方向，只好让自己的每一天，生活在一种积极向上的假象中，用毫不松懈的姿态，来掩盖自己的迷茫。

有人说，我不同意，我正是因为知道自己的目标是1个亿，所以每天激励自己积极努力，全年无休地工作。

你错了，真实的情况是：内心有坚定目标的人，并不需要“鸡血”，不需要谁给他来点正能量，他在为目标努力的时候，根本不用想“正能量”的

事情，内心能达到“心流”的状态。

心理学家米哈里·契克森米哈赖，定义心流为一种将个体注意力完全投注在某活动上的感觉，心流产生时，人会有高度的兴奋及充实感，那是他最享受的时光。

相反，只有并不热爱目前这份工作、内心抗拒的人，才需要正能量的激励，才需要鸡血来维持自己努力面对！

大多数的我们，都是普通人，都没有那么优秀，也做不到自己要求的那么好，让我们面对自己平庸的现实，已经很不容易了。

人在迷茫的时候往往特别着急，想得多却做得少，着急焦虑占据了我们的心智，逼着自己赶紧找出路，不允许自己有丝毫的松懈，这是一种“伪勤奋”，看起来整天很忙，其实效率很低，还把自己弄得很累，是所谓的“用战术的勤奋，来掩饰战略的懒惰”。

在做不到的时候，不要用力过猛，物极必反，允许自己休息一下，松懈一下，并没有什么不好。

偶尔的松懈，不同于散漫，它是一种调节和自我修复，让心理恢复弹性。

这不是自我催眠和自我欺骗，而是必需的情绪调适，因为“伪勤奋”的忙碌，要么让人停滞不前，要么让人离目标越来越远。

焦虑的价值

有句话说，抛开剂量谈毒性，都是耍流氓。同理，抛开强度去讨论一种情绪是正面还是负面，也不科学。

就比如大家避之不及的焦虑情绪，它未见得没有价值。

只有焦虑引起了人的思想、行为，或者人际的问题，我们才需要干预。一般情况下，适度的焦虑，反而对人有益。

◎ 焦虑的意义

说到焦虑有价值，不得不提到一本书，那就是当代著名人本主义心理学家罗洛·梅的代表作《焦虑的意义》。

作者在序言中说："本书是为那些感受到今日社会的压力和焦虑冲突的人而写的，也是为那些寻求焦虑的意义、原因，以及可能的因应之道的人而写的。"

作为现代人，我们都被焦虑所笼罩。

生存有压力、资源很有限、职场不进则退……人们似乎总是处在"一种扩散状态的不安"，不知道面对何种威胁，充满了对未来悲观的不确定感和无助感。

书中，罗洛·梅将焦虑定义为，"焦虑是因为某种价值受到威胁时所引发的不安，而这个价值则被他个人视为存在的根本”“恐惧是一种处于扩散状态的不安，而焦虑则是非特定的、模糊的和无对象的”。

焦虑的特性是面对威胁的不确定感和无助感。

而人类，恰恰是因为有对不确定威胁的警惕性，才得以生存下来。焦虑和恐惧一直以来被认为能触发生物在面对危险时的应急行为，以使生物个体少受损伤，从而在危险环境中生存下来。

现代人，在生存不存在问题的时候，个人对自己的职业、名誉和地位的状况，婚姻，恋爱，吸引力等方面感知到威胁，人就会焦虑。

这种对存在感的威胁不仅仅是对生理上自我存在的威胁，也包括对个人价值、意识等存在的威胁。

但这些威胁，是一种激励。

人的成长过程必然伴随着对原有意义结构的挑战，伴随着向更大可能性的开放、向未知领域的探索。如果人可以正确地理解挑战和变化中包含的意义，能够合理地调动自身的力量来应对这种挑战，那么在此过程中的焦虑就是正常焦虑，它是人走向成熟的动力。

◎ 焦虑往往伴随着奖赏性的体验

如果一个人感受不到压力带来的焦虑，那么他一定也体会不到成功的喜悦。

提出“心流”的心理学家米哈里说，我们总在焦虑和无聊中徘徊。

因为我们没有内在动力的时候，其实是不会焦虑的，那个时候，我们无聊。

排斥所谓负面情绪的行为，往往阻隔了自己的真实感受，也就是说，正面的情绪一同被排斥掉了，人很难有鲜活的体验。

失恋的人，为了让自己早点走出来，强迫自己忘记伤痛，逃避内心的痛苦，结果他们失去了激情，很难再爱上另一个人。

情绪，是流动在我们身体里的能量。你如果刻意阻止了它的流动，就失去了能量。就会感觉做什么事情都没有了兴趣。

对待焦虑的态度，是接受它，从积极的方面看待它，和它和平相处。我们如果遇到问题，把心里的焦点放在解决具体问题上，而不是放在情绪上。情绪问题通常也会缓解。

试着跳出来，不要总让自己陷在焦虑的旋涡里。可以问自己3个基本问题——我的悲观预期一定是真的吗？我是不是在自寻烦恼？我能采取什么有效措施解决问题？

当然，如果焦虑过于严重，影响到工作和生活，那么，就要寻求咨询师的帮助了。

◎ 焦虑无用，是因为没有转化为行动

《小王子》里，有一段，小王子看到酒鬼的时候，问他："你在干什么呀？"

酒鬼默默地坐在那里，面前有一堆酒瓶子，有的装着酒，有的是空的。"我喝酒。"他阴沉忧郁地回答道。

"你为什么喝酒呢？"小王子好奇地问道。

"为了忘却。"酒鬼回答。

小王子有些可怜酒鬼。他问道："忘却什么呢？"

酒鬼垂下脑袋坦白道："为了忘却我的羞愧。"

"你羞愧什么呢？"小王子很想帮助他，所以急切地问。

"我羞愧我喝酒。"酒鬼说完以后就再也不开口了。

小王子只好非常迷惑地离开了。

在旅途中，他自言自语地说道："这些大人确实怪啊。"

因为喝酒而羞愧，为了忘掉羞愧再继续喝酒，这样的焦虑的确创造不了价值，因为它没有转化成行动。

哲学家、现代人本心理学的先驱索伦·克尔凯郭尔认为，焦虑是我们人生的学府，焦虑在说明我们有实现某种可能性的机会，但也有可能无法实现某种可能性，焦虑让我们学会了信仰。

在焦虑中，我们能成长，在于我们认清自我状态，规划解决具体问题，焦虑也就转化成了动力。

◎ 让焦虑发挥作用

如前面所说，焦虑的正面意义在于，让我们感受到自己的困境，并且想办法摆脱。当个人感受到焦虑的警示，能激发一些思考，来了解、分析当下的状况，让人行为更谨慎，做出针对性的改善。

只有焦虑无限扩大，才会让人想逃避，这涉及焦虑的强度问题。关于焦虑的强度，有心理学家用游乐场来作比喻。游乐场之所以引人入胜，就因为各种游乐设施给予人少量焦虑的刺激，使人享受到焦虑消失时的欢畅。如果游乐场的游戏每时每刻都让人焦虑，有生命的威胁，就不会有人愿意玩了，因为焦虑的强度过大，人体会不到愉悦。

所以，我们想用正确的方式对待焦虑，首先就不要让情绪蔓延，让焦虑在可控制的范围内。

当我们感受到焦虑的时候，停一下，不要让思维的惯性反应主导自己的行为，想一想自己有没有夸大事情的严重性，是不是意志太消沉，或者能不能换个角度看待问题？

我们对焦虑按了暂停键之后，避免自己钻牛角尖，能暂时避免焦虑情绪的蔓延，做一点“上帝视角”的思考，或者什么都不要想，转移注意力，休息一下，能有效控制焦虑的强度。

在适当的焦虑下，利用焦虑引发的危机感，能提高我们的工作效率，更积极地处理人际关系。

焦虑也是动力，能为行动加速，只是焦虑有时让人着急，摸不到方向，有人看起来为解决问题做了很多事，却毫无进展。他们很慌张，怕自己做得越多，错得越多，反而束手束脚，不敢轻易行动。

马丁·路德·金说：“你不必看到整个楼梯，只要迈出首步。”

不要害怕出错，在看不清前途的时候，慢慢往前走就好了，方向是可以在行动的过程中慢慢调整的。

不要着急，不要执着于找到短期解决问题的办法，从小问题开始，一步一步来就好了。

焦虑并不可怕，甚至还很有用，它是有弹性的，如果我们能控制好它，就能利用好它的价值。

不是你做不到，而是你不相信自己能做到

◎ 瞻前顾后的邵伟

邵伟是公司里的“老黄牛”，从来只埋头做事，不邀功领赏。

妻子常常埋怨他，尤其到年底唠叨得更厉害，工作9年，没有功劳也有苦劳，不升职加薪不说，年终奖每年都没涨过！连入职只有5年的同事小李，现在都是他的领导，工资是他的两倍。他也不知道去跟领导提意见！

邵伟只埋头不说话，他能说什么呢？自己怎么去跟领导谈？

领导不是看不到他的努力和功劳，也不是没给过他机会，好几次，领导跟他谈话，让他去带团队、外派做项目经理。

可是每次面对升职时，邵伟都寝食难安，甚至失眠，他很担心自己承担不了领导者的责任。

他担心一旦工作中出了什么岔子，会比做一个普通员工更难堪；担心绩效考核如果不合格，该有多少人在等着看他的笑话；担心要处理更复杂的人际关系……同事小李升职之后，和他一起进公司的其他同事总背地里说他德不配位，邵伟想到如果自己升职了，同事同样会嫉妒自己，有人也会这样议论自己，他就受不了。

想到这些，他都不由自主地退缩，宁愿做个普通员工。

犹豫再三后，他去跟领导谈，让领导考虑其他人选，他说自己性格不适合做领导，说家里有事不能外派。

领导觉得不可思议，邵伟为什么每次都把极好的机会拱手相让，但也不能赶鸭子上架，只能由他去。随着邵伟年纪越来越大，单位又有了更多的后备力量，领导再也没找他谈过升职的事情。

眼看一年又快结束，下个月就要发年终奖了，从目前了解的情况来看，邵伟拿到的不会比去年多。

他心里很不是滋味，心里清楚，自己业务能力不差，又工作这么多年，单位各部门都熟悉，管个团队是没有问题的；家里妻贤子孝，并没有什么负担拖累他。

可是自己，为什么每次面对升职加薪的时候，就像遇到了烫手的山芋，不敢接呢？

◎ 什么是“约拿情结”

邵伟这种在机遇面前畏惧、退后畏缩的心理，是典型的“约拿情结”。

“约拿情结”（Jonah complex）是美国著名心理学家马斯洛提出的一个心理学名词。简单地说，“约拿情结”就是对成长的恐惧，有此类情结的人，怀疑甚至害怕被证实自己的智力、能力所能达到的较高水平，心理软弱到甘愿回避成功。

它源于心理动力学理论上的一个假设：“人不仅害怕失败，也害怕成功。”

它代表的是一种在机遇面前自我逃避、退后畏缩的心理，是一种情绪状态，并导致我们不敢去做自己能做得很好的事，甚至逃避发掘自己的潜力。

在日常生活中，“约拿情结”可能表现为缺少上进心，或称“伪愚”。它的存在也许有一定的合理性，不过，从自我实现的角度来看，这是一种阻碍自我实现的心理障碍因素。

在中国这个崇尚中庸之道的国家，有“约拿情结”的人，可是不少呢。

很多人渴望成功，希望被关注，又害怕“木秀于林，风必摧之”。

他们畏惧成功之后，被人关注、评价时，以羞耻感为核心的负面情感。由于民族文化和从众心理的影响，人们常常用“出风头”“丢脸”这种负面词语来评价他人，所以，很多人谦虚、逢迎又谨慎，甘愿平庸。

另外，有“约拿情结”的人，看似是害怕成功，实际上内心还是害怕失败。

他们在面对荣誉、成功、幸福的时候，心里不由自主地浮现出不真实、自己承受不了的想法，最终把到手的机会放弃。

因为他们想得太多，想到了成功之后可能会面对的困难。

他们害怕自己站在一个比较高的位置，稍微有点闪失，就会摔得很惨，结局会越难堪。

没有什么比成功之后再失败，更让他们恐惧的了。如此这般，他们宁愿选择做个普通人，不求有功但求无过。

他们也害怕成功后的责任。这些责任太沉重，不知道自己要付出多大的努力才能承担，而且，万一失败，前功尽弃。

他们害怕人际关系的处理，高处不胜寒。

今天的位置虽然让他们不满意，但是还没有站上更高的位置，他们就已经吓破了胆，无法打破这种自我否定的循环。即使他们的实力完全能够获得成功，但是成绩并没有帮助他们建立自信，反而让他们觉得身上的担子更重了，对他们来说，每一次的进步，带来的不是喜悦和自信，而是另一轮的焦虑。

有“约拿情结”的人，内心是自卑的，当成功和显耀来临的时候，潜意识里担心“我不配”，害怕被人评价。

虽然他们也想改变平庸的现状，为自己处于这样的位置有抱怨，但是，当成功真的来临时，他们却习惯性地退缩，觉得自己不配拥有成功，甚至自毁前程，让自己重新回到失败者的位子上。

◎ “约拿情结”其实是想象出来的

“约拿情结”阻碍他们成功，成为他们的困扰，但其实，一切都没有发生，都是他们想象出来的！

一切都没有发生，只是个人对未来的假设和空想，就足以让一个人放弃了对成功的追求，这听起来可笑，却是实实在在发生在很多人身上。

如果一个人对不确定的容忍度比较低，在一些会令人产生压力、恐惧的情形下，就会产生高度的认知闭合［认知闭合是阿里耶·库兰斯基（Arie Kruglanski）于1993年提出的概念，它表达的是“个体在应对不确定的情境时，对于确定性答案的强烈愿望”］。

认知闭合容易使我们以简单的认知结构去快速处理信息、做出决定。我们往往会放弃理性的思考，做出那些自己最容易做到、最能预料到结果的选择。

典型的两种选择就是回避和主动选择坏的结果。

◎ 当我们不自信的时候该如何寻求改变

针对这种害怕不确定性、极度不自信的情况，哈佛大学教授艾米·库迪（Amy Cuddy），通过自己的亲身经历，提出了一个观点：假装自信，直到真的相信。

她经历车祸后，大脑受到影响无法有效处理信息，当时的学校认为她无法完成学业希望她退学。她感到非常无助，当时的她，觉得没有什么比不被社会认同更令人沮丧了。

但她挺过来了，并考上了普林斯顿的研究生。但此时的她，严重不自信，她认为自己无法完成在大众面前的演讲，甚至觉得自己不能顺利地研究生毕业。

正当她要退缩的时候，她的导师对她说："不，你不能放弃，你必须上台演讲。尽力去做，就算是装出来的也没关系，继续伪装，直到有一天你发现你真的可以做到为止。"

是的，不自信的人害怕露怯。这时候，鼓励他们自信一点、勇敢一点，其实效果并不会好，因为他们的大脑早已习惯了自我否定。

不如把他们直接推上前去，让他们不得不面对问题，在感到胆怯觉得自己不行的时候，也只好假装自信，把自己伪装得很强大。

对于大多数有"约拿情结"的人来说，伪装强大，努把力是可以做到的。因为他们本来就不差，别人是认可他们的，只是他们自己不自信而已。

当他们持续地去做，不仅是为了成功而假装的时候，会发现自信已经融进了他的骨子里。

大多数有"约拿情结"的人，认为是自己的能力或者心理素质差的问题，而其实，你并不孤单，在你身边很多人都有同样的自我怀疑，只是大家没有说出来而已。

意识到这一点，可能会让你的焦虑有所减轻。

当觉得自己不行、很弱的时候，不要总是自己憋在心里，这样只会更加不自信。

可以和亲近的人谈谈内心的想法，了解自己在他们眼里的形象，家人和朋友的认可，有利于帮助建立正确的自我判断。

享受自己取得的成就和赞誉，也不必高估他人的能力。

前面说过了，我们过分担心某些事情的时候，一部分原因是我们把未来想象得太可怕。

那么让我们停止假想那些消极的东西，用一个积极的结果来替换它。

比如邵伟，如果升职加薪了，工作上的压力也是一种动力，随着物质生活的提升，他会对未来更有希望。一个工作了9年勤勉的老员工升职，同事会认为这是理所应当的，并且对公司更有信心，公司毕竟没有亏待一个低调的老员工啊。

世界顶级潜意识研究大师安东尼·罗宾说："所有人的改变都在于他的潜意识。"

人的潜意识接受了成功的概念，能激发自我内在的力量，增加信心，促进行动。变得不那么"屃"，离成功也就不远了。

而克服"约拿情结"，最重要的是行动起来，正视自己担心的问题，放下对未知事物的恐惧。

去做，把空想的、假设的未来全部放下，遇到问题解决问题，不要逃避，去做就是了。

真正付诸行动，你会发现，那些事情并没有你想象的那么难处理。很多事情不是你做不到，只是你不相信自己能做到。

02

情绪总是很低落，从思考方式开始改变

改变消极的思考方式，乐观也是可以习得的

有个笑话，说一个年轻人开车行驶在偏僻的公路上时，汽车胎爆了，工具箱里却没有千斤顶，他远远望见一户人家亮着灯，于是上前去求救。

在路上，年轻人不停地想：要是没有人来开门怎么办？要是没有千斤顶怎么办？要是那家伙有，却不肯借我怎么办？……

顺着这种思路想下去，他越想越气，当他走到那房子前，敲开门，主人刚出来，他冲人家劈头就是一句："呸——，你那千斤顶有什么稀罕的。"

这虽然是个笑话，但我们很多人，却也常常进入这样消极思考的怪圈里。一件事情还没开始做，心里都会先做很多负面的假想：

- "如果失败了怎么办？"
- "如果别人笑话我怎么办？"
- "如果他拒绝我怎么办？"

……

结果当然是事情只能想想，没法开始。

消极的思考方式是抑郁的好伙伴，是成功的绊脚石。当这种思维占据了我们的头脑时，人往往患得患失、情绪低落，干啥啥不成，继而造成进一步的自我否定和情绪低落，进入消极思考的恶性循环里。

◎ 常见的消极思考方式

我相信，下面几种消极思考方式，都曾经出现在你和亲近的人身上：

1. 没有信心

当一个人遇到事情的时候，心里有疑虑：恐怕不行吧，这样行不通吧，事情大概会失败。然后他更确定了之前的消极思维——我就说吧，果然是不行。

就像阿梅，好好的一段恋爱，被“没信心”和“猜疑”弄没了。

阿梅交了个男朋友，本来自己挺满意的，却被妈妈的话搅得心烦意乱。

妈妈说你得防着点他，一个外地人，“凤凰男”，指不准是为了什么和你在一起呢。还时不时给阿梅发“‘凤凰男’的主要特征”“嫁给‘凤凰男’的女人，后来都怎么样了”之类的链接。

阿梅解释了很多遍，人家不是凤凰男，只是隔壁城市的人而已，而且他是家里独子，父母都是高级老师，退休了还被学校返聘，家里没有负担的。

妈妈说，那也要防着点，说不好他是为了咱家的房子呢。

而其实阿梅家境一般，父母都是普通工人，一家三口住在房龄30年的75平方米房子里。虽然说阿梅长相、身材都不错，但男友也不赖，而且学历、工作都比阿梅好很多。

可是妈妈的话让阿梅无从反驳：既然他条件这么好，为什么偏偏看上你？相信妈妈吧，这世界上，除了父母，没有无缘无故的爱。

妈妈虽然是爱阿梅的，但她其实从内心对阿梅没有信心：她认为女儿不够优秀，配不上男友，不值得被爱，除非那个男人是图她什么。

渐渐地，阿梅也对这段感情越来越没有信心，男友对她越好，她越不安，她觉得自己太平凡，而男友那么优秀，为什么会看上自己，还死心塌地地对自己好呢？她的疑虑让她越来越“作”来考验男友，感情当然是以失败收场。

一个人不信任别人，对关系没有信心，其实是对自己有诸多不满，不自信，不相信自己值得被爱、被关心。

感情是面照妖镜，它能照出我们内心的阴暗、自卑和恐惧。

2. 惯性消极思维

“不高兴”先生很少开心，工作被赞赏，他心想：“表扬有什么用，又不加工资！领导想哄我多加班而已。”

他升职加薪了，也不满意：“责任更大了，以后恐怕难得闲下来了。”

甚至有人好心帮助他，他都会认为别人是图他回报。

任何好事在他眼里都是坏事，他关注的永远是那些负面的、消极的内容，他说出来的话，永远是给身边人泼冷水。

怎样都不满意，总觉得这世界不可靠，习惯性消极思维，是自己内心的投射，一个人内心没有安全感，看谁都不值得信任，凡事往坏处想，做事也要“留一手”。

任何事物当然都有好的 A 面和不好的 B 面，“不高兴”先生，因为内心害怕得不到那些他想要的 A 面，干脆在心里过滤掉事物的好处，只想着 B

面，时刻提醒自己保持清醒：得不到 A，也没关系，反正这事也会给我带来那么多麻烦。

而这种惯性的消极思维，阻隔掉了他内心能感受到的愉悦，减退了人生命的活力和热情。

林肯说：“只有在心灵允许下，你才会快乐。”

“不高兴”先生只关注事物的 B 面，就是不允许自己快乐，时间久了，他可能对任何事情都没有兴趣，抑郁、拖延，甚至出现人格障碍。

3. 不必要的担忧

有的人常常悬着一颗心，即使并没有发生什么，他也担心坏事会发生，担心快乐不长久。

听到消防车，他担心是不是自己家失火了；听到救护车，他害怕是自己年迈的老母亲出了状况；工作犯了点小错，被批评了，他开始焦虑是不是会被辞退；房贷还不起，老婆会不会和自己离婚……

灾难化的场面，常常浮现在他的脑海里，引发不必要的担忧。

这源自他们内心的防御机制。

防御机制在心理学上，指的是当自我感受到焦虑、不安等情绪时，不自觉地采取措施阻止，或者逃避引起我们不安的事物。

适度的心理防御有积极作用，但过度了，就会影响正常的生活和人际关系。

◎ 乐观也是可以习得的

我们脑袋里的任何想法，都不会白白存在，它一定会产生作用，要么让我们更有信心，要么削弱我们的力量。

当这些消极思维方式成为习惯时，你会发现，自卑、焦虑、抑郁，随之而来。

这时，信念和思考方式的重建，就显得非常重要了。毕竟你不可能从不快乐的途径，到达快乐的终点；同样的道理，你不可能从旧的思考和行为模式，走到新的目的地。所以，要改变情绪状况，必须改变消极的思考方式。

心理学家塞利格曼认为：乐观也是可以学习的，他提出了一个词，叫“习得性乐观”。

情绪具有感染力，很多人悲观、消极的思考方式，来自父母和身边人的影响，是习得的。那么，乐观也一样，可以从别人身上学到，同时，也可以“自学”。

塞利格曼研究乐观的人，发现了决定一个人是悲观还是乐观的关键在于：解释问题与挫折时，所采取的归因方式。

乐观的人对已经发生的事件进行解释时，对好事件做持久的、普遍的和个人的归因，而对坏事情做短暂的、具体的和外在的归因。悲观的人则是相反。

也就是说，学习乐观的思维方式，最关键的是，要相信自己，要正向思考。

“正向思考”，其实并不是盲目安慰自己一切都好，而是要把情绪和现实分开。无论面对什么样的近况，都不能影响到对事物的判断，要摆脱当下的情绪，解决问题。

◎ 改变消极思考方式的几点建议

那么，如果你也是一个消极悲观的人，要如何自我练习，改变消极的思考方式，正向思考呢？

1. 设想最坏的结果，问问自己能不能承受

情绪低落最大的坏处，就是容易使人自怨自艾，觉得自己无用、很惨，

思绪混乱，却不能集中注意力来解决问题。

不如我们设想一下，这件事能导致的最坏结果是什么？这个结果自己能承受吗？

有人害怕工作中出错，那我们设想一下，出了错会被开除吗？被开除了找不到新工作吗？找不到工作，如果不打工，能不能做点养活自己的事情？无论如何，人都不会饿死的，相反，还有可能找到新的出路呢。

如果能承受最坏的结果，那么，还有什么好担忧的呢？如果不能承受，想想自己能做点什么来补救呢？

这种设想，相当于你在持续低落的情绪里撕开了一个口子，不让自己再沉溺其中。有了“置之死地而后生”的想法和决心，相信你整个人都会轻松下来，下一步，就是把时间和精力投入改善的努力中去。

2. 换个方向思考，问题也是机会

让我们试着用积极思考代替消极思考。只要转变观念，你就会发现，这世界上并没有什么绝对的坏事。

前几天我听了一段樊登回答脱口秀《我有一个问题》，有个40岁的男性提问：他所在的公司大面积裁员，而他也在被裁的范围内，一个工作了20年被公司解雇的中年男性，该如何扛过去？

樊登居然开口就说：“祝贺你啊！从此可以开始靠自己，而不是靠公司了。”

他解释说其实打工比创业的风险大，因为在经济动荡过程中，一定有公司会垮掉，任何人随时都要做好创业的准备，而风险也意味着收益，两者之间永远有一个最大的变量，就是能力。

与其抱怨自己工作多年却失业了，不如把被裁作为提升自己的契机。这

时候失业并不是坏事，是公司提醒了你们，不能再靠着过去的一点技能混饭吃了，你或许该庆幸，自己有了一条新的路。

我佩服樊登思路清奇，对于打工和创业的看法完全不同于普通人，给了一个失业的中年人新的视野。

有时候事情看起来很糟糕，但如果换一种思维方式，可能会呈现出另一种面目。人的很多情绪化行为，是因为对事物没有正确的认识，对自己、对别人缺乏了解造成的，如果我们能从多个角度、多个观点来观察、看待问题，会豁然开朗，就不会掉入情绪的陷阱里。

换个眼光看世界，问题其实就是机会。正如有首歌里唱的："每个人的裂痕，最后都会变成故事的花纹。"

3. 多反思问题，做合理归因

前面说过了，悲观、消极的人，常常认为坏事物是经常存在的，自己是错的、失败的。

要变得积极、乐观起来，就要改变这样的想法，正视生活中的挫折。

偶尔的失误，并不能说明自己水平差；上司对你态度不好，可能只是他自己心情不好，并不是你做错了什么；堵车是常有的事情，并不是你倒霉。

把那些悲观的想法去掉，用积极的思路来想问题，培养自己稳定持久的乐观心态。

芝加哥大学的哈欣校长说："如果眼下只有一个酸柠檬，那就想办法做杯可口的柠檬汁吧！"

是啊，人生有起有落，关键在于你怎么想，怎样看待问题，如何做，来处理消极、负面情绪，度过低谷。

意识不到问题的人，是不会听劝说的

经常有人对我说：我的妈妈（或者其他亲属）对我控制欲特别强，我觉得她这样不对，你可以帮我去和她谈谈吗？我的父母总是吵架，你能去和他们聊聊怎么处理感情和矛盾吗？

我常常拒绝他们，因为我面对的来访者是你，我能做的是帮你排解你的情绪，帮助你想办法解决和亲人的关系问题，而不是在他们没有意愿改变的时候，我直接去劝说他们。

他们的事情，应该是在他们能意识到问题、有意愿解决的前提下，主动或者被动，去咨询和寻求帮助。

◎ 意识不到自己问题的人，是不会听劝说的

我不会主动去劝说一个人的原因是，他不会听。你认为的问题，在他看来，可能根本不是问题。

每个人都是站在自己的角度来看问题，他看到的世界和你看到的不完全一样。

你说他脾气不好。他说你胡搅蛮缠浪费他的时间，他只用了几句粗暴的话对你，已经够客气了。

你说父母不会和你沟通，你不听话他们就骂人。他们说，打是亲骂是爱，

是你不懂父母的苦心。

你说老板总让你们加班却不涨工资，是“又想马儿跑得快，又想马儿不吃草”。老板说，你们工作效率低，一群人创造的价值都不如他一个人的，凭什么给你涨工资，你们不干这份工作，有人愿意来干。

所以，你看到了，站在对方的角度，他的行为也是可以理解的。

如果我们单方面要求他改变，他怎么可能接受呢？意识不到自己问题的人，是不会听劝说的。

心理学上常说同理心，也就是站在对方的角度看问题，理解他的想法和做法。心理学家特雷莎·怀斯曼（Teresa Wiseman）在研究中表示，同理心需要具备四个特质：一是接受观点，就是接受他人所说的，或理解他们的观点为他们的事实；二是不加评论，可以理解为即使他人的观点不被自己认同，也不妄加评论、揣测、贬低他人；三是看出他人的情绪；四是尝试与他人交流。

但真正做到有同理心非常难，我们也没有必要要求他人必须得有同理心。

而我们能做到有同理心的第一步，是理解别人和自己的不同，理解他们的观点和做法，其实是不纠结于一些分歧，继而接受这样的不同，放下心里要说服、改变对方的执念。

但有人说，不行啊，即使我认同父母和我有代沟，但是如果不说服我的父母，他们整天逼婚，对我也是一种折磨啊。

这个问题，其实是不能仅靠沟通和说服来解决的，在父母心里“男大当婚，女大当嫁”的观念根深蒂固，反对他们的观念很难成功。不如避开事件本身，好言相劝，避重就轻，用亲情的慰藉来化解分歧，甚至是阳奉阴违的“和平相处”，对父母说“好好好”，但行为还是按照自己的想法来，另外还要让父母看到，自己现在的生活和工作状态非常好。

很多时候，即使我们觉得对方做得不对，也没有必要说服他，沟通的目的，不仅仅在于让对方意识到问题，更是要互相调节，获得情感上的认同，让我们过得更豁达一点，让那些彼此的不一样，变得不刺眼，能接受。

◎ 我们并不能改变别人

后现代主义的心理学认为：人的问题有复杂脉络的影响，比如社会、文化、家庭，还有个人认知能力等。但人有自我疗愈的能力，真正能解决问题的，能让自己走出困境的，只有自己。

因为只有自己，才最了解自己。

但有人并不清楚自己想要的是什么，人的迷茫，往往是因为对自己不够了解。对于这种情况，我们不妨换个角度看这个问题——你排斥什么，自己是非常清楚的。那我们可以用排除的办法，来找到自己内心所需，找到自己认同的。

我们要让对方同意我们的说法，其实是想让他产生“共鸣”——你说得有道理，我认同。

为什么会认同？其实是因为我说的符合他内心的一套体系嘛，不然，他必定认为我是胡说八道。

有一个名词，叫作“选择性吸收”，指的是人面对庞杂的信息、别人的言论，会倾向于接受与自己态度一致、对自己有利的、符合自己心情和意见的信息，并排斥和回避与自己态度不一致的信息。

这当然是基于人的主动性，社会环境、文化倾向和家庭背景等形成的。

东野圭吾的小说《解忧杂货店》里，写到的浪矢杂货店店主浪矢爷爷经常收到人们寄来的匿名信，来信者倾诉自己人生的难题和困惑，希望他能帮助分析解决。

但爷爷很少直接告诉来信者怎么办，而是站在对方的角度，帮助他厘清思绪，让他看到问题的本质和心之所向，鼓励他跟随自己的内心，勇敢去做。

浪矢爷爷就这样，解决了一个又一个来信者的难题，受到了人们的尊敬和推崇，但他说来信者的问题得到解决，并不是自己的功劳，“很多时候，咨询的人心里已经有了答案，来咨询只是想确认自己的决定是对的”。

这正是人本主义心理学之父卡尔·罗杰斯，根据多年的咨询经验总结出来的结论：给予一个人足够的倾听、积极关注、共情，他会自己疗愈自己，自己找出办法来。

这比靠权威的劝说有效果得多。

◎ 说“我理解你”的人，真的理解你吗

我不主动去劝说别人的原因，还因为“感同身受”这回事也只是我们的主观想法，我们有时候认为的“理解”，在别人眼里也许不是一回事。

我们常常说“我理解你”，却在朋友倾诉失恋痛苦时，安慰 TA：“没什么大不了，睡一觉就好了。”在同事说客户多么难缠时，心里嘀咕：“这分明是因为你做得不够好。”在伴侣烦恼自己受了委屈时，分析说：“这事你也有不对。”

我们并没有睁着眼睛说瞎话，我们真的明白他们的痛苦和困扰，我们也经历过，失恋很难受，工作很艰难，生活不容易，但我们的安慰方式、我们的做法，并没有效果，换句话说，就是我们并不真正理解他们想要的安慰方式。

他们想要的是情感支持，是想得到安抚和善后，并不是想要分析和纠错，是有人回应“是的”“他们都不对”“你是对的”，而我们理解的“理解”，是帮忙解决问题，是分析具体事件。

推己及人，不要自以为了解对方，不要凭自己的判断来“理解”别人。

基于自己主观立场的说服和劝解，一般都会失败。

◎ 是什么激发一个人的改变

既然劝说收效不高，我们都不能真正改变一个成年人，改变还要靠他自己，那么，是不是只要一个人形成了自己的世界观，就无法改变了呢？

并不是。

做改变是一件痛苦的事情，需要对抗自己内心的很多冲突，那么，什么能激发一个人做这件痛苦的事情呢？

四个字：趋利避害。

也就是说，现状已经让他难受，或者改变后他能受益。

老烟民下定决心戒烟，可能是医生告诉他，你不可以再抽烟了，不然病会更严重。要么是自己感受到，吸烟的确有害健康。

有毅力减肥的人，要么是受了歧视，因为体形感情受挫、不自信，要么是自己对美有强烈的追求。不然，无论多胖，只要对生活没有影响，还是只会停留在嘴上说说而已。

有强烈意愿改变自己思维模式的人，一定是过去的模式，让他觉得痛苦，限制了他的提升，“书到用时方恨少”，他才会急于改变。

所以，在一个人没有内在动力改变的时候，外人没有必要“恨铁不成钢”。你的善意提醒他不听，是因为他的现状还过得去。

对伴侣、孩子都一样，没有什么比他自己的经历更让他成长，他吃了苦头，才能明白道理。

而我们要做的，不是劝说，是尊重：我告诉你我所知道的，我认为好的合适的，至于你接不接受，是你的选择。

◎ 他们不听我的，能怎么办

劝说解决不了问题的时候，不妨多听一听对方怎么说。

这一生，我们诸多情感的诉求，其实都逃不过这三种：被看到、被理解、被懂得。

听比说更重要，懂比爱更重要。

很多长辈说，“我吃的盐比你吃过饭还多，你听我的就对了”，这话听起来让人不舒服，就是因为说话的人并不理解我们的痛苦和心情，无视我们的观点，我根本没有被“看见”，怎么愿意听你说呢？

在他能“被看见”“被理解”的情况下，他才会打开心扉，愿意听人劝说，因此，在分歧面前，不要着急争辩、劝说，而是先从情绪层面解决问题。

沟通有两个层面：一个是内容层面，也就是你说的实质性东西；另一个是关系层面，是听者能感受到的说话人的态度，是不是站在听者角度的，是不是和听者在同一边的。

要想让对方听你内容层面的话，就先得理顺关系层面，这就像他的心有两扇门，第一扇门关乎情绪，他的情绪良好，愿意打开这扇门，他愿意听你说话，你才能进到第二扇门，说实质性的内容。

听起来让人排斥的话，首先激起的是对方的负面情绪，对方不愿意听，在关系层面上，对话就失败了，说多少都白搭。

只有他愿意打开第一扇门，来听你说话的内容，沟通才能有效果。

沟通，最重要的不是说服对方，而是理解对方；不是告诉对方我是对的，而是告诉对方，我愿意接受你的想法，体谅你的感受，对方才有可能接受你提的建议和意见。

改变反刍思维，不要让一时的痛苦变成长久的折磨

◎ 一时的痛苦为何成为长久的折磨

失恋，本是一件几乎人人都会经历的事情，但有人能很快走出来，有人却永远陷在里面，累觉不爱。

与人发生争执，是件再平常不过的小事，有人转眼就忘了，有人却能记恨一辈子。

婆媳关系的确不好处理，但有人分开住减少往来也就相安无事了，有人却在婆婆过世多年之后，提起当年依然气得发抖。

为什么会这样呢？为什么过去的痛苦会变成无休止的折磨，让她们很难从负面情绪里走出来，那些造成她们坏情绪的事件，永远像一团乌云一样，笼罩在她们头上。

因为她们的思维停留在那些事件的影响之下，一遍又一遍地回想当时痛苦的场景、经历和感觉，不断地反思事情的前因后果，想如果回到当初，我应该如何应对，想别人怎么会如此无情，怎么能这样对她……她们在心里，不断强化那些负面情绪，不能释怀。

◎ 你有反刍思维吗

在心理学上，这种思维模式，叫作反刍思维，“反刍”，顾名思义，是像有些动物进食经过一段时间以后，将半消化的食物从胃里返回嘴里再次咀嚼。“反刍思维”，则指的是经历了负性事件，或者压力事件后，个体对事件、自身消极情绪状态及其可能产生的原因和后果进行反复、被动的思考。

反刍思维作为一种认知，对情绪有重要的影响。

首先对反刍理论进行研究的心理学家诺伦·霍克斯曼指出，思维反刍与抑郁密切相关。如果说抑郁是思维的失常，那悲观和反刍就是火上浇油。

当人遭受到伤害时，不可避免地会有痛苦的感觉，有人试图压抑这种感受，然而在压抑的过程中，人会不自觉地“检查”自己是否真的忘了过去，反复地回避和检查，反而强化了负面情绪，过分沉溺于消极的思想中，让自己更加煎熬。

有这样思维的人，不自觉地削弱了自己的精力，分散注意力，导致回避、拖延等问题，损害身心健康。

心理学家 G.J. 海菲尔（G.J.Haeffel）在研究中发现，让普通人回顾自己的经历8分钟，不会对心情有任何影响。但那些有点难过和具有反刍倾向的人，8分钟后一致表示，自己觉得更难过了。

这充分说明了为什么那些沉溺于过去的人，焦虑和沮丧的感觉会比其他人更多。

他们很容易进入一个循环：为了改变当下的心烦状态，分析过去发生的事情，检讨自己的问题，以期望以后不再犯同类错误，或者声讨他人对自己的不公，希望通过声讨别人获得心理平衡，结果却适得其反。一遍又一遍的思考和回味，只会让情绪更糟糕，对解决问题毫无帮助。

哲学家康德曾说：“生气，是拿别人的错误惩罚自己。”而反刍情绪，则是反复地惩罚自己，在这个反复的过程中，一遍又一遍地折磨自己。

◎ 反刍情绪，不仅折磨自己，也会伤害身边人

更糟的是，反刍的人会比较容易转移其攻击，波及无辜的身边人。

百合的妈妈，非常辛苦，独自把百合抚养大，妈妈常常念叨：在村子里谁也看不起寡居的母女，自己受了多少罪，遭了多少白眼，百合一定要找一个好丈夫，不能再重蹈自己的覆辙。

百合的每一个男朋友都会被妈妈否定，而且每次说的话都差不多：“这个不行，和你爸爸一样……”而母亲并不了解百合的男友，第一次见面怎么就能看出和爸爸一样的呢？

百合后来明白了，妈妈只是从自己的恋爱里想到了过去。妈妈一直没有走出情伤，这些年一直在反刍被抛弃的悲惨经历，并且不自觉地套入到女儿的感情里，一次又一次地敦促女儿分手。

这是反刍者最可悲的一面，自己明明是被伤害的人，却要成为施害者，而且还是伤害自己最亲近、最爱的人。

◎ 如何改变反刍思维

1. 改变自我评价

反刍者往往从过去的生活经历、挫败中，提取了过多的消极记忆，低估

了自己的能力，不自信，看待事物不乐观，他们通常认为困难不能克服，自己解决不了问题，无力改变一切，局限了自己的行为。

他们回想起自己曾经过得多么惨，受到了多么大伤害的时候，自己是处在被害者的位置，更加引发自怜自艾的情绪。

这是一种自我折磨，而且会形成一个闭环。

2. 我们回想的，也许只是当时的情绪，并不是事实

人往往被情绪蒙住了眼睛，走不出过去的伤痛，但其实，我们能回忆起的，只是当时自己的悲伤和愤怒，并不是过去的完整事件，而是碎片化的部分。

比如，上司当众批评你的言语和表情；女朋友提出分手时候你的心碎；和人产生争执时，别人无理的话……这些事情当时让自己多么无地自容，多么难受，直到现在想起来都心情无法平复。

但是，我们往往不太记得在上司批评自己之前，已经提醒过多少次不要再犯这样的错误；女友提出分手，不是突然变了心，而是相处的日常小事早就把她的感情消磨光了；和人争吵的那天，可能自己说的话也并不好听。

所以，不要耿耿于怀那些过去，也许那些回忆并不真实和准确，纠结毫无意义。

3. 我们可以选择要不要继续活在煎熬中

或许，我们的确是遇到了恶人恶事，但是对待他们的态度，不应该是赶紧避开，不要让他们影响我们的心情吗？人要学会遗忘，我们的心是一个容器，如果里面装满了垃圾，又如何能容纳幸福？

我们无法避免生活中的各种事件，但是我们可以选择要不要把那些糟心的事继续留在记忆里，要不要活在煎熬中。把那些衰事都放下，把不开心的

事情和人请出去，接受不能改变的，花气力在能改变的事情上。

把眼光放长远一点，如果你的注意力在前方，自然不会再过多回想已经过去的事情。

李欣频在《变局创意学》中讲过一个小故事：她在做外景主持时，坐在一艘船上享用早餐，但旁边接连不断的游艇不时飞驰而过，激起的浪把小船上的杯盘晃得七零八落，她还有点晕船。在她不知所措的时候，撑桨的大哥说了一句话，让她记忆犹新，“只要把目光放在远方不动的山顶上，就不会感到摇晃得这么厉害了”。

的确，只要我们把目光放在远处不动的高点，眼前身体所感受到的混乱和晃动，就不会再分散自己的注意力，影响心绪。

多抬头看看前方、远处，人生有太多愿望、目标等着我们去实现，何必让过去的不如意困住了心？

人在情绪低落的时候，很容易自我否定，这时候，除了要提醒自己拉回思绪，更要赶紧行动，做点什么，不要害怕，不要自我折磨产生内耗。赶紧动起来，工作、运动等，让自己的大脑动起来，把精力放在解决眼前的问题上，不给那些糟糕的回忆和感觉留可乘之机。

如果不想思考、不想动，我们也可以试着什么都不要想，放空自己，静静地待一会儿。

一旦发现自己有反刍行为的时候，赶紧叫停！不要让自己的情绪失控，陷入不断的回忆里。

过得越来越好，为什么依然不开心

◎ 有些拼搏，是基于“内在痛苦”，而不是“内在祥和”

小薇是我们眼中的励志女王，她18岁的时候是某五星级酒店的服务员，如今35岁是某上市公司高管。在过去17年的时间，我们用脚走路的时候，她恨不能脚上装上风火轮。

她的人生并不是开了挂，所有的业绩都是她无数个不眠夜熬出来的。

可我们就没见她高兴过，她也没有什么朋友，因为她总是“意难平”。在酒店餐厅做收银员的时候，她心理不平衡：凭什么他们可以坐在这里喝下午茶，而我却得站在这里为你们数钱！

等她成了高管，终于坐在了曾经服务过的五星级酒店喝下午茶，突然又看到了同事的包包，她赶紧把自己的往身后挪挪，整个下午茶时间，都极其沮丧：我得去工作了，我实在太穷了！

可以想象，有一天，她终将背上梦想中的包，如果看到同伴的更贵，她心里再次不平衡：我这么拼命，为什么还过得不如人？！

为什么有的人永远不快乐，他们努力上进，却无法取悦自己？他们即便得到全世界也不会满足。也许他该停下来想想了。

小薇一直在和别人比较，以此来证明自己的价值感和存在感。总想着自己进步了，就可以比身边人强，其实上了一个台阶，又会看见新的世界，接触新的更强的人，她还是会觉得自己渺小。

她如此努力，却从来没有自我的认同感和价值感，那么这些努力和拼搏，都成了自我迷失之后的挣扎。许多一直在苦苦奋斗，却没有幸福感和成就感的人，是因为没有认清自我，不能和自己和解。这种努力，是基于“内在痛苦”，而不是“内在祥和”。

他们不快乐不满足，他们并不知道，自己奋斗，想要获得成功、获取物质的意义是什么。

塞缪尔·约翰逊说：“满意源自内心，那些对人性一无所知的人总是妄图通过改变外在，而不是内在性情来追求幸福，结果必是徒劳无功，而本来想摆脱的痛苦却会与日俱增。”

◎ 物质为什么不能带给人满足

我们以为买得起会更有幸福感，可是，那种幸福感只是在买的瞬间，并不持久，很多人需要通过不停地买买买，来让自己一直开心。可是这些物质，带给人的满足感永远是有限的，因为物质本身，会不断被淘汰。

我们经常盼望，假如我拥有了什么就能快乐幸福，把幸福当成一个长远目标来追求，结婚才能幸福、买房才能幸福、有孩子才能晚年幸福……我们一直在努力，每天都似乎处于备战状态，想要得到幸福和以防过得不幸福。但是事实并非如此，当得到心中所想时，焦虑可能一分不少，甚至更为强烈。

我们一步一步地实现了理想，却并没有感受到幸福，为什么我们越过越好，内心却从未满足？

心理学上有一个关于幸福的适应原则，指人对现况的判断，是以比自己现已适应的更好或更坏为基准。“适应”其实是神经元的一种特性：当新的刺激出现时，神经细胞会产生强烈反应，但之后，神经细胞会逐渐“习惯”，对已经适应的刺激反应会趋于缓和。

人在接受现状之后，会很快适应，并且习惯，并自我调整——一步一步地把目标调高（如果屡次接受挫折，则可能把目标调低），人从物质满足中得到愉悦的阈值会不断增加，就这样，永远不会满足。

这个理论，解释了为什么人们在买到大房子、换了新车、获得晋升之后，幸福感最多只能持续三个月。

◎ 你有没有被物质“胁迫”

18世纪法国有个哲学家叫丹尼斯·狄德罗。有一天，朋友送他一件质地精良、做工考究的睡袍，狄德罗非常喜欢。

可他穿着华贵的睡袍在书房走来走去时，总觉得家具不是破旧不堪，就是风格不对，地毯的针脚也粗得吓人。

于是，为了与睡袍配套，旧的东西先后更新，书房终于跟上了睡袍的档次，可他却觉得很不舒服，因为“自己居然被一件睡袍胁迫了”。于是，就把这种感觉写成一篇文章叫《与旧睡袍别离之后的烦恼》。

200年后，美国哈佛大学经济学家朱丽叶·施罗尔在《过度消费的美国人》一书中，提出了一个新概念——“狄德罗效应”，或“配套效应”，专指人们在拥有了一件新的物品后，不断配置与其相适应的物品，以达到心理上平衡的现象。

而我们很多人，其实也过着类似“被睡袍胁迫”的生活。一旦你买了名牌包，会马上发现衣服、鞋子不配，换了新的衣服和鞋，又会觉得配饰档次不够……

根据麦肯锡中国发布的《2019年中国奢侈品消费报告》，中国人买走了全球1/3的奢侈品，这个数据中有多少人，是因为真的需要，又有多少人是因为被“胁迫”的呢？

◎ 内心的不满足，还来自比较

叔本华说人生就像一个钟摆，就是在无聊和痛苦之间摆来摆去。得不到就痛苦，得到了就无聊。无聊的时候又有新的欲望，人又会产生新的痛苦。

人们追逐着物质，被物质裹挟着往前走，生活被工作支配，工作挣来的钱买东西，而其实很多东西是超出自己需要的东西，人却浑然不觉，甘愿献出自己的时间和自由，来挣更多的钱，更新穿戴和生活物品。

于是人越来越忙碌，心却越来越焦虑，害怕自己跟不上时代，害怕自己落后于同伴，也害怕自己没有“更新换代”。

而往往我们内心焦虑、无法感受到满足和快乐，并不是因为物质的匮乏，而是源于和周围人的比较。

就像很多奢侈品的购买者并不是出于“个人需要”，而是出于“社交需要”，因为别人有，我最好也有，人并不愿意承认自己比周围人过得差。

有个寓言故事，说聪明绝顶的纳斯鲁丁跑来找奥修，非常激动地说：“快来帮帮我！”奥修问：“发生了什么事？”纳斯鲁丁说：“我感觉糟糕透了，我突然变得不自信了！天啊！我该怎么办啊！”奥修说：“你一直是很自信的人啊，发生了什么事让你变得如此呢？”纳斯鲁丁非常沮丧地说：“我发现每个人都像我一样好！”

一个优秀的人，因为看到别人也不差，没有了优越感，就不自信了，就崩溃了。果然很多的不开心，都是因为比较啊。

◎ 幸福感，很多时候源于“自我感”

有人终其一生，并不知道自己想要的是什么，只知道世人都说这个好，那么这个就一定是好的；有人财富、名望、自由、健康、时间、亲情、爱情、人缘、天伦之乐什么都想要拥有；有人追求的东西永远在别处，眼下的一切他都不满意，他永远在实现梦想的路上，却碌碌无为。

这都是因为缺乏对自我的了解。

他们想得到的，要么是世人的认可，要么是永远无法实现的梦想。那么，无论他们得到，或者得不到，个人价值都需要通过外在的肯定来确认，容易失望。

只有当我们学会了不向外寻找幸福，不依赖他人，明白了自己的价值和局限，不强求完美之后，我们才更容易，也能更长久地感受到快乐和幸福。

静下心来思考自己想要什么，去争取它，世俗的标准和别人的评价不足以左右你的时候，追求的过程是幸福的，结果无论成败，也都是自己能接受的。

对每个人来说，最重要的东西都不一样。如果你实在找不到自己的方向，请带着放大镜看这个世界，放大每一个你心动的瞬间，停一下，咀嚼一下那种感受，让幸福的感觉在心里停留的时间更长一点。

那些满足自己的小事，比如穿了一双合适的鞋，交到一个默契的朋友，原谅自己的一个小错误……那些微小的幸福感，终将使我们的人生更绚烂。

慢慢地，你可能就明白了，什么能带给自己好的感受，自己最想要的是什么。

◎ 创造物质没有错，但同时人要有感知幸福的能力

幸福、快乐与物质有关，但绝对不是完全相关，根据积极心理学之父塞利格曼调查研究，《福布斯》富豪榜的前100位富人，只比普通美国人幸福一点点而已。

人幸福与否，关键在于有没有感知幸福的意识。

幸福感是指人类基于自身的满足感与安全感而主观产生的一系列欣喜与愉悦的情绪。

那么可以见得，缺乏满足感和安全感，难以产生幸福感。

一个人幸福与否，完全取决于自己主观上如何评价自己的生活，取决于自己的主观感觉。诺贝尔经济学奖得主萨缪尔森教授，提出过一个“幸福方程式”：个人幸福＝物质财货／消费欲望。也就是说，一个人财富越多，欲望越低，则感受会更幸福。

有人可能会反驳，那在这个公式中，我个人的“物质财货”很少，也没法“穷开心”啊，穷人感到幸福是因为没有遇到大事，没有遇到急需钱的时候。并不是，物质富足的人，一样会遇到难以解决的问题，一样有着急焦虑的事情。

人生难题在每个人面前，只是具体形态不同，并没有本质区别。但是，每个人解决的办法却是不一样的，看待问题的态度也是不一样的，这直接影响了个体能不能感受到幸福，所以，感受幸福，其实是一种能力。

哈佛大学排名第一的课程，不是经济学，也不是法律课程，而是泰勒·本－沙哈尔博士的幸福课。

他说：“一个幸福的人，必须有一个明确的、可以带来快乐和意义的目标，然后努力地去追求。真正快乐的人，会在自己觉得有意义的生活方式里，享

受它的点点滴滴。”

泰勒博士在《幸福的方法》中，根据个人经历，从汉堡里，总结出了四种幸福模式：

第一种，是好吃的“垃圾食品”，吃它享受了眼前的快乐，却会带来以后的健康问题，代表“享乐主义”，及时行乐的人生态度；

第二种，是夹满蔬菜和有机食物的汉堡，不好吃，但健康，代表“忙碌奔波型”，是为了未来忍受眼下苦，努力打拼的人生态度；

第三种，是不好吃的“垃圾食品”，代表“虚无主义型”，是对未来不抱希望，也不关心当下的颓废态度；

第四种，是好吃又健康的汉堡，代表“幸福型”，泰勒博士认为，人不仅要关注未来，也要感受当下。

奋斗，并明白自己为什么而奋斗，同时享受过程的人，才能感受到幸福。

认识到自己的错误让人沮丧

我们总用“煮熟的鸭子——嘴硬”这样的歇后语来形容那些明知自己错了，但嘴上就是不服软，自知理亏，而口头上不肯认错或服输的人的行为。

承认失败，坦然面对，说起来是很自然的事情，可就是有很多人，找各种借口，怨天尤人，不面对现实。

他们为什么会这样呢？

◎ 认错等于否定自己

曾经有则新闻，说一个人屡次中电话诈骗的招儿，给骗子汇款达到数百万之多，银行工作人员阻止他汇款无效，请来警察，他也不相信自己遭遇了诈骗，执意要汇款到指定账户。

观众无语，这人怎么如此执迷不悟，好坏不分呢？

其实即使再糊涂的人，也不至于到被人骗光了积蓄，还维护骗子吧！他其实并不是不知道自己上当了，而是内心的挫败感太深重，他无法面对。

心理学上有个概念，叫逆火效应，意思是说，如果一个人的信念遭到了对立面的反驳，除非你能百分之百地说服他，否则，反而会强化他自己的信念。因为接受对立观点，就是对自己过去的否定，大多数人无法做到这一点。

他根本无法面对自己，如果说被骗一次是不小心，多次被骗，无疑承认自己是傻子，是承认自己眼瞎、幼稚又愚蠢。

承认这些，对他来说，是心理底层根基都被铲除，等于毁灭了他的整个人生，自信、尊严都无从生根。

所以，世人都看得出来他被骗了，但他执拗。他宁愿让自己活在想象里，也不愿意面对事实。

◎ 我们只相信自己已经相信的

大徐每次去妈妈家，都感觉很崩溃。老人家像是被拉进了什么组织，今天买护肝的保健品，明天买降血压的药，而且那些药和保健品，全都是三无产品。

大徐无数次地对母亲解释，这些东西都是骗老年人钱的，花钱事小，老人家吃出毛病就麻烦了。

妈妈却从来不听，依旧是别人推销什么，她就买什么。儿子阻止的时候，她还生气："我吃过的盐比你吃过的饭还多，东西真假我会分不清？"

每当有人夸她老人家气色好，她就眉飞色舞地讲："都是因为吃了 ××× 保健品啊，我以前可没这么硬朗。"

其实不只是大徐母亲，很多人都一样，在认定了一件事情的时候，就会为它找理由，让它合理化。

因为，很多人只相信自己已经相信的，任何人的质疑都不能让他改变。

如同邓肯·J. 瓦茨《一切显而易见》里所写："当你知道一个结果，你总觉得这件事情是对的，就会为这件事找一个确定的理由，因为没有理由你不踏实。但很多时候，你自以为成立的理由，往往事实未必如此。"

◎ 认知失调是什么

关于不愿面对错误，承认失败，其实每个人都有不同程度的认知失调。

认知失调（cognitive dissonance）指的是，当自我认知和另一种认知、信念发生冲突时，人们会产生的一种精神上的不适感。

比如一个人认为自己是个聪明人，那么，在他犯了低级错误的时候，很容易自动进入防御模式，也就是，他可能会拒绝认错，相反，他会找出各种理由来解释。

“聪明人的自我认知”和“犯了低级错误”发生了冲突，造成了认知失调。

宾夕法尼亚大学的心理学家菲利普·泰特洛克做过一项著名的研究。他在1985年邀请了284位专家学者预测未来。所有专家都是各自领域内的领袖人物，超过一半拥有博士学位。

他们要讨论和预测的话题都非常具体，几年以后，泰特洛克把这些预测与真实情况作了比较。比较的结果很惊人，那些越是著名的专家，预测的结果越不准！

而那些专家，在结果面前，强行解释，甚至对不利于自己的证据加以歪曲，他们不愿意承认自己出错，即使被证明了错误，他们也要为自己辩解，找理由使之合理。

◎ 失败并不是“失败”

小到百姓，大到专家，都有大大小小的认知失调，不愿认错。如果有人指出他们的错误，并亮出确凿的证据，这对他们来说，不是在帮他们改正错误，而是对他们智商、能力、人格的质疑。

这时候问题的性质就变了，不再是对错问题，而是上升到了尊严的层面。

承认错误，让人羞愧，曾旻在《情绪的重建》里写道："羞愧是人类体验中最隐秘而难以忍受的情感，把握住一个人的内疚与羞愧，就相当于抓住了他人自尊的尾巴。"

人最难的不是认识别人，而是认识自己。

就像别人脸上的黑一目了然，自己脸上的污点却难以看见一样，看到自己的优点长处容易，发现承认弱点缺陷却很难。

制度的缺陷、人性的弱点和对数据的偏见等因素，让失败成为现实中不可避免的一部分。而如何正视失败并从中学习，是决定一项事业能否成功和持续成功的永恒论题。

英国作家马修·萨伊德就在自己的作品《黑匣子思维——我们如何更理性地犯错》中，阐述了自己对于"失败"的另类看法。

我们都知道，飞机必须装载有两个黑匣子，一个负责记录飞行员发往飞机上电子系统的所有指令，另一个是驾驶舱内的声音记录仪，让调查员能了解事故发生之前飞行员说了些什么。

有了黑匣子的存在，航空业的调查人员能够认定飞机事故的原因，并且分析对策，从而杜绝类似事件的发生，提高安全性。

整个航空业的体制就是建立在不断在错误中学习的机制。每个微小错误都会反复试验，找到解决办法。这正是航空业的优势所在，也被人们称为"黑匣子思维"。

可见，马修·萨伊德的"黑匣子思维"与具体的黑匣子无关，它指的是在失败后总结教训，展开调查并从中学习的意愿和决心。

总结起来就是十二个字：记录失败、接纳失败、改进方法。

不愿意认错的人，在接纳失败这一步，就停止了。

是人都会犯错，有句话说：“如果每一次开枪都射中靶心，说明你站得太近了！”所以，上不了靶，犯错不是什么大不了的事情，承认，并改正就好。

认识错误，要接受失败，首先是要认识到，失败是一种人生常态，每个人都经历过无数次失败。

任何失败其实都不是失败，它不是最终结果，而是阶段性的。它可能说明不了什么是对的，但它至少说明了什么是错的。证明了错误的行为，也是一种进步。

人不愿意面对失败，很多时候无法面对自己的失望。我们不妨自我分析一下，我们究竟是对搞砸了事情本身失望，还是对自己的无能感到失望？抑或，只是对这件事影响了自己的高大上形象而失望？无法面对他人的期待而失望？

当我们做了一些自我分析之后，就会发现，可能我们在认错这件事情上，放了太多不必要的东西，才让我们觉得认错那么令人难以承受。

法国诗人马罗说：“永远不要因承认错误而感到羞耻，因为承认错误也可以解释为你今天更聪敏。”

现在越来越多的危机公关事件，都体现了这一点，人们对于公众人物的错误，包容度是高还是低，其实在很大程度上，取决于公众人物面对错误的态度。

那些越是为自己辩解，极力证明自己没有错的人，越是没有观众缘，遭人排斥。相反，那些大方承认自己犯了错，并诚意道歉，改变形象的人，却能得到大家的原谅，事业一路坦荡，甚至更好。

常言道：“鸡蛋，从外打破是食物，从内打破是生命。”

人不断地总结过去的失败，从内打破自己的思维局限，才能获得认知升级。

独处，并不是放弃跟任何人相处

很多人爱把萧伯纳的一句话挂在嘴边：“我见过的人越多，我就越喜欢狗。”说即使一个人独处，也胜过和一群人钩心斗角，胜过和三观不合的人尬聊，胜过累人的社交。

问起他们独处都干什么？

刷手机、打游戏、看视频、追剧咯。

觉得好玩吗？

说不上好不好玩，只是不做这些，也没其他的事可干。

亲，你那种不叫独处，叫放弃跟任何人相处。

◎ 独处是一种能力

独处，并不是一个人过那么简单。

有的人不能独处，他们独处的时候感觉空虚、无聊，常常用手机来消磨时间，往往在睡前才回想起“又混了一天”。

但其实，他们不独处的时候，情况也差不多。和朋友或者客户一起吃饭、喝酒、扯闲篇，感觉也挺无聊，而且累。

这样的独处，或者不独处，都觉得生活没意义，都是孤独的。

林语堂说：“孤独两个字拆开，有孩童，有瓜果，有小犬，有蚊蝇，足以撑起一个盛夏傍晚的巷子口，人情味十足。孩童、水果、猫、狗、飞蝇当然热闹，但都与你无关，这就叫孤独。”

是，当别人的热闹喧腾都和自己无关时，无论他是一个人还是处于人群中，内心都会感到孤独。而往往，没有独处能力的人，在人群中也感到孤独，因为他独处或者不独处都是低质量的，他并不喜欢那种滋味。相反，能享受孤独的人，即使别人的事与他无关，他也就看看而已，内心并不会有孤独的感受。

我的来访者小敏，单身的时候最讨厌别人秀恩爱，看到别人成双入对，她就牙痒痒地说“秀恩爱，死得快”。

朋友说你不要嫉妒别人，自己去找个男朋友好了。她嘴硬说不，她就喜欢一个人生活，自由自在。

其实她不是不想恋爱，是恋爱总失败，她相亲的对象，基本都没有回音。

她很少参加聚会，说不想听人吹牛。感情没进展，她也渐渐失去了希望，有人给介绍对象她都不愿意去见。

她的独处，是不得不接受的结果，是一种逃避，不愿意面对现实的压力，不愿意去努力争取。

而她独处的质量也很低。

她的空闲时间，基本都在刷韩剧中度过。被玛丽苏剧情感动得热泪盈眶，家里乱得插不进脚也不收拾，要看的书一页没翻，职称考试连考三年都没通过。

她的生活越来越宅，人也越来越偏激，看不惯很多事，经常在网上做键盘侠。

法国哲学家帕斯卡尔说："几乎我们所有的痛苦，都是来自我们不善于在房间里独处。"

如果她能够利用好独处的时间，好好看书准备考试，工作上多多少少会有进步，即使是花点心思来收拾打扮自己，也胜过蓬头垢面追剧。

一个靠手机来消磨时间的人和一个靠社交来对付无聊却依然空虚的人，其实是同一个问题：他们缺乏独处的能力。

是的，独处是一种能力，它需要人的内心世界能自足，能关注自身。

有独处能力的人，可以和自己对话。

◎ 有人为什么不会独处

英国心理学家温尼科特写过一本书，名字叫《独处的能力》，他说："独处的能力，指真实的孤独，起源于幼儿时期与另一个人的关系的经验，这个人不仅保持适当的距离，而且还能够在需要的时间提供对'自我的支持'。对'自我的支持'是理解、消化和接受。"

意思是说，独处的能力不是人天生就有的，而是需要做到对自我的了解和对外界环境态度平和，才能达到的一种放松状态。

温尼科特认为，拥有独处的能力，是一个人情感成熟的最重要标志之一。

只有当一个人，觉得别人的热闹有热闹的好，自己独处有独处的妙，他才能享受孤独，才能真的主动选择独处。

叔本华说，我们承受所有不幸，皆因无法忍受独处。

孤独，却无法自洽的人，他们所处的是一座孤岛，内心有向外的渴望，却也拒绝与外界交往。

他们避开与现实中人的接触，减少人际关系的负担，在自己的孤岛里，才感觉到轻松和安全。

究其内在原因，是一种对无法掌控事物的惧怕，是个人极度缺乏安全感。

有人说自己是“深度宅”，不出门社交，但在网络上也能交到朋友，玩得开心。

而网络上的社交，其实也是一种社交，和真实社会的社交本质并无区别，处理不好与自己关系的人，在网络上也不一定能逢源。

或许有一些轻度社交恐惧的人，在网络世界寻找到了温暖和理解，同类之间的惺惺相惜让人倍觉珍贵。

可是，网络上的各种杠精、语言暴力，一样让人无力招架，还有网络欺诈，如果发现网恋了三年的“萝莉”原来是“大叔”，每天对自己嘘寒问暖的人只是想要骗钱，会不会让人崩溃?

网络世界，一点也不比窗外的真实世界更简单和纯粹，甚至更嘈杂。网络社交，同样需要个人心理构建，需要先有自己内心的安全感。

◎ 独处，并不会阻碍人的社交

独处，并不会让人变得孤僻，也不会阻碍人的社交。

相反，如果一个人出现了社交障碍，是因为他还没有真正学会独处，没有真正了解自己和世界。

君子慎独。意思是品德高尚的人，在独自一人时，也会慎重自己的言行，因为他们内心有遵从的道德规范和社会准则，所以回到社交场合，他们为人处世一样得体。

《安静的力量》是皮克·耶尔的畅销书，他分享了许多与我们常识相悖的观点。他认为每个人在骨子里，其实都需要一个留白的空间、一个停顿，就像一段音乐正是有了休止符才能让人产生共鸣。

这本书倡导了一种生活方式，就是关掉电脑、抛开手机、逃离都市喧嚣，通过长时间静坐，专心思考、沉淀自己，进入内心世界。

他提出“放空”是解决麻烦必要的方式，以一个第三者的视角审视自己的生活，才能将生活过得更明白。

而这种生活方式，是包括谷歌在内很多互联网公司都在推崇的生活和工作方式。

人在独处的过程中反思自我，不依赖他人而获得快乐，摆脱别人的评价而获得自我认可，成为一个更真实、自由的自己。

有无独处的能力，关系到一个人能否真正形成一个相对自足的内心世界，而这又会进而影响到他与外部世界的关系。

内心更丰盈的自己，走出了与人相处的肤浅层面后，更注重实质性的互动，与人的沟通更注重质量。

这对人际关系的维护和发展是有好处的。

所以，独处并不阻碍我们发展人际关系，反而能更好地帮助我们获得爱他人的能力。

◎ 人群中也能独处

美国哲学家梭罗，曾经远离尘嚣，只身一人在瓦尔登湖畔隐居两年，他自耕自食，不和外人接触。

后来有人问他一个人住会不会很孤独。

梭罗回答：“我们赖以生存的地球不也只是宇宙中的一叶小舟吗？我为什么会感到孤独呢？我们的地球不是在银河系中吗？当我们来到异国他乡，

虽置身于滚滚人群中，却常常比独处家中更觉孤独。”

孤独，不能以人与人的空间距离来度量。身处人群，歌舞升平，内心却凄凉寂寞的人还少吗？

而能独处的人，保持独立的人格和心态，在喧嚣中也能体会无人懂的心境。毕竟和人闲聊，说出来的只是自己的心境；和朋友一起游山玩水，能感受到大自然的壮阔的，也只有自己的眼睛和心灵。

在人群中，我们只要保有内在的沉静，一样是可以独处的。

周国平说，“人生最好的境界是丰富的安静”。

这丰富的安静，可能是在独处的房间里，可能在忙乱的办公室里，也可能在聚会的 KTV 里。

那些在人群中独处的时光，从凡俗中脱身的片刻，是只有自己知道的欢愉，是拥有独处能力的人对自己的犒赏。

《百年孤独》里写道：“生命从来不曾离开过孤独而独立存在。无论是我们出生、我们成长、我们相爱还是我们成功失败，直到最后的最后，孤独犹如影子一样存在于生命一隅。”

的确，每个人的一生，都无法避开孤独，但被孤独困扰的人，若是能和孤独和平相处，探寻自己内心的想法和需求，感受到孤独带来的沉静，必是自得其乐的。

一个人是怎样活成了过去自己讨厌的样子

◎ 过去我看不惯他，后来我却成了他

过去我们看不惯很多事情、很多人。

刚进职场的时候，我们讨厌溜须拍马的同事，他自己不努力工作，却总拿团队的成果去邀功，偏偏领导很吃他那一套。看他那谄媚的样子，真是让人吃不下饭。

做媳妇的时候，婆婆真的讨厌，插手我的小家庭，四处说我坏话，她来我家帮忙带宝宝的几年，我几乎是在怄气和怨恨中度过的。直到现在，我自己也做了婆婆，我都没法原谅她。

过去，我最讨厌过平庸的生活，找一个人凑合着过日子，在菜市场讨价还价，和邻居为了争过道放杂物吵架，孩子弄脏了衣服都要被打——这种糟心的生活就是我的父母过的日子。

后来嘛，我讨厌的那个同事连连高升，现在是我们的中层领导，我就成了拍他马屁的人。

多年的媳妇熬成婆。今年我儿子娶了媳妇，那姑娘不是个省油的灯，进门没几天，就敢和我吵架，我必须得好好调教她。

生活，真不是我想掌握主导权就能掌握的。现在的我，和父辈一样，过着平凡的生活，上班下班，夫妻说不上和睦，一样计较几个日常开销，一样

想买的东西买不起，想去的地方去不了。

◎ 每个人都不要高估自己的道德水准，以及对抗惰性的无力

过去我们看不惯的，为什么会让我们那么排斥？

人所讨厌的，有自己无力改变的糟糕状况，别人损人利己的行为，比如贫穷、他人刻薄、爱算计、冷漠等。甚至，还有自己想要而得不到的东西，比如别人炫富、秀恩爱。

我们总说，所有的人际关系都是一面镜子，透过它们，你才能认识真正的自己。

一个人不能容忍他人的部分，其实是不能容忍自己的部分，这是一种投射（指个体依据其需要、情绪的主观指向，将自己的特征转移到他人身上的现象）。不然，别人的行为完全无法引起我们内心的波澜，我们不会觉得别人的这个行为讨厌。

比如，一个自私的人，最讨厌别人自私；一个脾气坏的人，认为别人都是挑刺惹他生气的人；一个想走捷径的人，最在意的就是别人的手段不正大光明。

没有审视自己之前，我们往往对自己的道德水平判断过高，认为自己会永远和鄙视的人划清界限，但其实，当我们处在对方那个位置，可能一样会有他那样的行为。

就像前面说过的“多年的媳妇熬成婆”。

缅甸有这么一个传说：有一条恶龙，每年要求村庄献祭一个处女，每年这个村庄都会有一个少年英雄去与恶龙搏斗，但无人生还。又一个英雄出发时，有人悄悄尾随。龙穴铺满金银财宝，英雄用剑刺死恶龙，然后坐在尸身

上，看着闪烁的珠宝，慢慢地长出鳞片、尾巴和角，最终变成了恶龙。

◎ 越讨厌的，越强化，是因为反向形成

弗洛伊德说，越是被禁忌的东西就越是可能被需要的。当我们有意压制某些东西的时候，有可能就是反向形成。从这个理论角度来说，正是因为人压制了内心对一些事物和特质的讨厌，才成了自己讨厌的样子。

当我们内心深处的欲望和想法不能被自己或者社会接受，真实的自我就会被压抑禁锢到潜意识里，并释放出一个与真实自我完全背道而驰的、戴着面具的“我”。

这个戴着面具的“我”，不仅不会对外表露出自我的真实感受，反而会变本加厉地展现出与真实自我完全相反的想法与行为。这种真实自我被反向转化的防御机制，就是反向形成。

心理学家说，一切过分的情感都可能是反向形成的表现。当我们有意地去强调什么的时候，就恰好证明人性中可能有相反的东西存在。

一个人表达的内容，如果超过了正常的幅度和尺寸的话，很有可能是在掩饰跟他所表达的相反的内容。

有人与父母的情感是“相爱相杀”的，他的内心虽然爱父母，但是痛恨父亲家暴、想逃离母亲的控制，可是长大后，自己的行为却变得越来越像父母。

这是因为很多人压抑了对父母的不满和愤怒，内心强烈地要求自己不可以和他们一样，要脱胎换骨，而实际上，过度地反感父母，会强化父母的行为对自己的影响，而自己意识不到的是，越反感，内心对抗改变的力量却越来越强大，直到最后，我们最终变成了他们的翻版。

美国心理学家托马斯在其著作《灵魂的黑夜》中描述：当人们清楚明白地表达出愤怒的情感时，它就能为一个人和一种关系做出很大贡献。

在家庭关系里面，也是同样，父母与孩子之间能表达出自己的真实情感，允许自己的任何感受，并不被它左右选择，才能真正走上一条新的路。

◎ 站得高一点，才能看到问题

很多人，在职场面对不公平对待的时候，本能反应是还击，没有想过不要和垃圾人痴缠；在公司面对看不起的人和事的时候，第一反应是鄙视，而从没有想过自己为什么会成为他们的一员。

可是，人性缺乏对自己道德品行的约束，更缺乏对自身短板提升的自律。

人生苦短，不要浪费时间和精力在讨厌他人、对抗自己上。讨厌别人、甚至对骂，只会让自己更加烦躁；放任自己沉迷一种消极、无聊的状态，时间久了，就会慢慢失去斗志，自我麻痹。

尼采说："与恶龙缠斗过久，自身亦成为恶龙，凝视深渊过久，深渊将回以凝视。"

不让自己成为"恶龙"，最重要的是不要与它纠缠，要站在更高的角度看待，才能认识到问题所在。

根据马斯洛的需求理论，当基本需求得到满足后，人们就会向更高层次的需求进发，当更高层次的需求得不到满足时，人们会处在一种被压抑的状态下，长期的压抑可能会让人丧失对生活的激情，如行尸走肉，或者活在抱怨的戾气之中。

简单来说，这种情况，实际上就是能力配不上自己的野心。这也是那么多人嫌弃自己的圈子，却无法跳出的原因。

与其和他人斗争，不如提升自己。

职场中的小人，能影响到的，无非是与他同水平或更差的人，那如果我们努力成为更专业、更高圈层的人，哪里还会在乎他们搬弄是非呢？

或者一个人跳出讨厌的人际，拥有自由切换职业的能力，还会抱怨同事很讨厌、圈子太小吗？

但我们都心比天高，却又懒得要命。我们多看重眼前的诱惑，却很难对潜在的未来付出艰辛的努力。

我们当然知道努力的结果会更好，但那太对抗人性了，现实的沮丧也使我们陷入惰性的旋涡。

所以我们在环境的温水里，终于成了那只被煮熟的“青蛙”。

能怎样呢？感觉到痛苦的话，就要改变啊。

如果没有自控力和人生规划，人是容易局限于眼前的小事的，在抱怨中产生戾气，在沉沦中消磨时光，到后来，终于成了过去自己讨厌的人。

不敢选择优秀的结婚对象，并不仅仅因为不自信

很多人会和让我们大跌眼镜的人结婚，比如李颖，最近要结婚了。但她发给朋友的请帖，照片上的新郎不是那个她谈了8年的男友大鹏，而是一个朋友从没见过的男孩，长相非常普通，甚至可以说有点丑。

他们什么时候分了手？李颖怎么突然换了人，还迅速结了婚？发生了什么？这世界变化快啊。

朋友追问李颖，她有点难为情的样子，说是自己对不起大鹏，但是新男友的确是适合的结婚对象。因为大鹏太优秀，自己总担心有一天他会离开，这让她很没有安全感。

不可思议，只听说过嫌男友不够优秀的，居然还有人会担心自己男友太出众！

李颖和大鹏是大学同学，大鹏从学生时代就是“校草”，长得特别帅，成绩好，篮球打得棒，还是学生会主席，喜欢他的人很多，但他偏偏就对貌不惊人的李颖一见钟情。

毕业后，大鹏工作也很上进，去年买了房，他俩结婚几乎是水到渠成的事情。

可是偏偏这时候李颖跳槽，认识了同事王毅。王毅各方面条件都一般，工作业绩也一般，唯一的优点就是人特别诚恳。

有一次，在玩真心话大冒险的时候，他说出自己喜欢李颖。从此李颖居然像着了魔一样，常常会想，自己如果和王毅在一起的话，生活会是什么样？

在知道了王毅的心思之后，她终于面对了自己的内心。一直以来，她内心是不安的，大鹏越优秀，她就越担心，觉得自己何德何能得到他的爱，在大鹏面前，她谨小慎微，害怕自己配不上他，害怕被抛弃，过得其实有点累。

而在王毅面前，她可以肆无忌惮地做自己，无论是放肆地唱歌，还是大笑，都不怕王毅会嫌弃她不够淑女，她说原来王毅才是适合自己的人，因为他让自己感到安全，能 hold 住。

李颖终于鼓足勇气和大鹏提了分手。

狗血电视剧里才有的剧情，就真实地发生在李颖的身上，还真是艺术源于生活啊。

但另外也说明，狗血剧情不是个例，的确有很多人，在选择结婚对象的时候，往往挑选的并不是最优秀的那个人，这是为什么呢？

◎ 太优秀的人让对方有压迫感

大鹏在我们看来，是几乎完美的结婚对象。他善良包容、帅气有前途，无论从哪个方面来说，都无可挑剔。

但也许是他太优秀，让李颖有压迫感、不安全感，才说自己 hold 不住。

《爱的进化论》(*The Course of Love*) 的作者、英国名作家艾伦·狄波顿说，有时候，我们拒绝一个对象，并不是因为他们做错了什么，反而是因为他们“太对了”，他们太成熟、太可靠、太善解人意。这种陌生的感觉，让我们却步，我们的心，也无法把这种感觉跟“被爱”画上等号。

感情里，让我们沉迷的并不只有快乐，还有熟悉感。

就像那些习惯了压抑、无交流的人，在感情里也往往会找到与他无交流、给他压抑感的伴侣，即使遇到更好的对象，他依然愿意选择那个给他熟悉感的人。

比如一个有强势母亲的男人，往往找的伴侣也是强势的；一个缺爱的孩子，长大后更容易沉溺于不良情感。

这不是轮回，只是基于他的熟悉感，他们终生在寻找儿时的感觉，不管那感觉是好还是坏，只因为熟悉，在那样的感觉里，他们才能自由呼吸。

太优秀的伴侣，会让本身不完美的人有压迫感，对方的优秀，好像时刻在提醒他：你不够好哦，你还要继续努力。

而整天感觉自己不够好，很让人窒息。李颖的性格随遇而安，随和的王毅让她更自在。

◎ 刻板印象让我们选错了人

有句话说：鸡蛋从外面打破是食物，从内部打破是生命。意思是我们要有认知上的自我突破，才能创造自己的人生。

而从内打破真的很难，单单是一个刻板印象，就已经困住了很多人。

就像大鹏这样帅气的青年才俊，就被认为有很多人仰慕，是不安全的结婚对象，反而王毅，居然因为条件差，被认为是可靠的人。

可是，感情里的安全感，不应该是来自爱和支持吗？什么时候，长得普通，成了不会出轨的保证？条件差，成了能给对方安全感的理由？

类似的刻板印象，还有“这么漂亮，一看就不贤惠”“事业上成功的女性在家庭里都很强势”“男人比女人更理性”等，事实早已证明，都是偏见。

◎ 你也许不曾真的了解自己和伴侣

而我们为什么依然在感情里，会不自觉地抱有刻板印象呢？

因为我们不了解自己，也不了解伴侣。

两个人看起来很亲密，但其实内心有很多没法碰触的禁区。

两个人每天在一起，有人觉得自己了解另一半的出生、成长经历、性格特征，知道 TA 什么星座、喜欢什么颜色、爱吃什么、爱好是什么，就以为自己已足够了解 TA。

而这并不够，两个人从来没有坦诚地探讨“我为什么会这样做？”“当你这样说的时候，你真正想表达的是什么？”“你最希望我怎么做？”此类的问题。就像他并不知道，她暴怒并不在因为他今天没有洗碗，而是昨天她独自淋雨回家；就像她并不知道，他沉默并不是不再爱她，而是说什么，她都会反驳。

我们相处的时间越长，关系越密切，越是自认为十分了解对方，不会再去注意生活的细节、对方细微的变化，而那些变化都是逐渐发生的，慢慢地，眼前人可能早已不是你认识的那个人。

我们没有去探寻那些更深层次的、矛盾背后的原因，以及基于了解基础上的磨合与沟通。

◎ 选错对象，也可以结对婚

但结婚对象该选谁，选得对不对，别人的话顶多算是个建议，就像烟盒上都写着“吸烟有害健康”，但这仅仅是忠告，只要不在公共场合抽烟，这事不就是个人选择吗？

就像李颖说就算大鹏是更合适的结婚对象，而自己作死、错过，也认了。

一个人能承受自己选择的结果，何尝不是一种通透。

而结婚，并不是要选择一个最优秀的人，而是要选择一种适合自己的生活方式。生活方式并没有哪种更好，只有自己舒服的最好。

选择和哪一个人结婚，其实只在于，我们愿意做出哪些牺牲，以及忍受哪些不如意。

最契合的那个人，其实是能沟通、愿意彼此妥协的人。

找到一个人，能互相包容，找到一种方式，能过得舒坦，就是选对了人，结对了婚。

03

焦虑，
来自无力感和缺乏安全感

人类99%以上的忧虑是毫无必要的，可我们为什么常常焦虑

关于焦虑有这样一则寓言。

有一天早晨，死神正朝着一座城市走去。此时有个人遇到了死神，就问他：“你要去做什么呀？”

死神说：“我要去带走100个人。”

那个人说：“好可怕！我提醒一下大家！”于是他到处向别人散播死神的这一计划。

夜晚降临的时候，他又一次遇到了死神。这个人问：“你说要带走的是100人，可是为什么有1000人死了？”

“我遵守了自己的诺言，”死神淡定地说，“我的确带走了100个人。但焦虑带走了其他更多的人。”

这则寓言讲述了一个道理：事件的确让人焦虑，但焦虑本身，会产生更多的焦虑，让人深陷其中，走不出烦恼。

◎ 焦虑多是自寻烦恼

焦虑，似乎成了现代人的普通状态，工作让人焦虑、人际关系让人焦虑、体重让人焦虑、任何的突发状况都让人焦虑……

而哈佛心理实验室对人的焦虑进行过科学的量化、统计与具体分析，结

果发现，人类几乎有99%以上的忧虑是毫无必要的。统计中发现，有40%的忧虑是源于对未来的担忧，有30%的忧虑是源于过去的事情，有22%的忧虑是因为生活中一些微不足道的小事，4%的忧虑来自个人无法改变的事实，最后剩余的4%则来自我们正在做着的事情。

这样来看，我们的焦虑很少是由眼下的事情造成的，更多的是担忧未来，自己吓唬自己，或者悔恨遗憾过去，陷在情绪里出不来，焦虑的情绪导致了更多的焦虑。

所以，焦虑并不是事情本身给我们的，生活的烦恼如果让人焦虑，也只是外因，是我们自己的思维习惯和处理问题的方式造成内心的焦虑，是自己绕不过那个弯。

◎ 事情本身不会产生焦虑，是人的信念出了问题

最著名的绕不出焦虑的弯的人，是别里科夫——《装在套子里的人》的男主角。他哪怕在最晴朗的日子出门，也总是穿着鞋套，带着雨伞，他的雨伞、怀表、削铅笔的小折刀等都装在套子里，他总是把脸藏在竖起的衣领里面，戴着黑眼镜，耳朵里塞上棉花，这样就连他的脸也好像装在套子里。他时刻挂在嘴边的口头禅是："千万别闹出什么乱子来。"

他害怕麻烦，害怕变动，害怕危险，他觉得外面不安全，人人都可能会伤害他，任何变化都是可怕的。

最后，活活把自己给吓死了。

他就像太宰治在《人间失格》里写的："胆小鬼连幸福都会害怕，碰到棉花都会受伤，有时还被幸福所伤。"

人天生不喜欢不确定的事物，很多人想要的，都是能牢牢抓在手里，让

人心安的东西。比如，有前途的工作、持续地挣钱、稳稳的幸福。很多人毕生都在寻找这些给自己安全感的东西。一旦找不到，或者失去，整个人就没有了支柱。

有的人看问题非黑即白：我必须成功——不然没有人看得起我；我必须减肥——不然没人会爱我；我必须考上大学——不然这辈子就完了。

有的人想得多做得少，整天刷着手机，纠结在“眼下这份工作我不喜欢，可是又不知道自己能做什么”这样的问题里。

有的人玻璃心，只要察觉到别人不喜欢他，在议论他，他立即忐忑不安，思前想后，反省自己到底哪里出了问题。

这一切都是信念出了问题，只是他抵挡内心恐惧的外在表现。

◎ 焦虑是怪兽，能让人产生更多的焦虑

其实人都有心理防御机制，当自我感受到焦虑、不安等情绪时，不自觉地采取措施阻止，或者逃避引起我们不安的事物。

正常的心理防御有积极作用，但如果过度了，就会影响正常的人际关系，并给自己内心造成负担，产生新的问题。

焦虑意味着矛盾和冲突，来自我们自己设置的内心障碍，以及内心的抵抗。

我们的心房里，住着一些“怪兽”，它们整天折腾，不让我们内心平静。它们夸大事实，吓唬我们，告诉我们未来多么恐怖，我们多么渺小，根本无以抵抗生活。

一旦心里有这些怪兽，我们遇到问题就胆怯，很容易退缩：这事我恐怕做不好，我长得不好看，我心理素质太差了。

人在焦虑的时候，不由自主地设想负面结果，导致越来越多的恐惧和不安，加重焦虑。

所以，毫无悬念地，我们又把事情搞砸了，我们心里的怪兽就更加猖狂了：看吧，我早就告诉你了，你丑、笨，没有能力，没人爱你。

于是，我们更加焦虑，更加否定自己，更加看重别人的眼光。

这样，我们就被内心那个叫“焦虑”的怪兽控制了，在负面情绪里打转，越陷越深。

◎ 身心互相影响，更加焦虑

心理学家发现，人的身心是会互相影响的，当你身体有了紧张反应后，也会影响到你的心情，进一步加剧内心的不安感。

焦虑像一种胃肠道症状，是一种不安、怀疑和犹豫不决的感觉，通过一些身体上的感觉，比如心跳加快、肌肉酸痛等，你能意识到焦虑的存在。

因此，当一个人陷入焦虑后，会越想越焦虑，身体也会出现状况，焦虑的本身，制造出更多的焦虑。

所有人的焦虑情绪从轻到重会分为4个层次：

首先是身体紧张，常觉得无法放松，习惯于眉头紧锁；

其次爱出汗、眩晕、呼吸急促、老想去大小便；

再次就会对未来产生莫名的担心，如担心工作和健康；

最后发展到对周围环境的微妙变化和别人的言行都充满了警觉。

焦虑感上升的时候，体内应激激素就会增加，脉搏和血压水平随之上升，对心脑血管会产生负面影响。

◎ 自我缓解焦虑，走出恶性循环

虽然焦虑让我们身心不适，但我们大多数人的焦虑，其实并不是焦虑症。

焦虑症是一种病理性焦虑，是一种无根据的惊慌和紧张，表现为泛化的、无固定目标的担惊受怕，生理上也常伴有一些警觉增高的躯体症状：比如昏厥、心悸、发抖等。大多和遗传有关系，需要通过心理咨询和药物来治疗。

我们大多数人的状况，并没有那么严重，但焦虑的情绪，却会影响到我们的生活。

对付焦虑情绪，可以参考美国乔治梅森大学的心理学教授托德·卡什丹讲过的“流沙生存指南”：假设你恰巧发现有人正站在流沙当中，他一边高声喊着“救命啊，快把我拉出去”，一边就像人们面对恐惧时通常做出的反应那样拼命地往外爬。

这时候你却没有任何绳子或树枝可以用，那么，你该怎么做呢？

如果懂得流沙原理，你会告诉他要停止挣扎，试着平躺下来，舒展四肢以增加与沙子的接触面积，如果保持这个姿势，他就有可能不会陷下去，而且还有可能像滚木头一样从流沙里滚出来。

而如果因为害怕而拼命挣扎或者试图跳出来的话，整个身体的重量都会压在一只脚上，压力变大，人只会在流沙中越陷越深。

“流沙生存指南”告诉我们的是，在面对问题时，不要盲目地做无谓的挣扎，那只会把事情弄得越来越糟。

焦虑也一样，它就像细沙一样在我们周围，如果我们拼命地努力，想要挣脱、跳出，只会弄得自己精疲力竭，还更加焦虑。

不如接受它，和焦虑和谐共处。承认自己焦虑了，不要想着这感觉太糟糕，不要排斥它，不要制止这种情绪，而是做点什么来让自己放松，然后再来想办法解决问题。

或许我们可以试试“自我交谈”，把那些毁灭性的、惧怕的想法从脑海中驱赶开。

比如，问问自己：“这件事情的后果真的有那么严重吗？”

“如果我搞砸了，最坏的结果是什么，我能接受吗？”

“还有没有别的解决问题的办法？”

“我可以寻求谁的帮助？”

通过自问自答的方式，改变过去的思维习惯，让身体放松，跳出焦虑的恶性循环。

一旦开始陷入焦虑情绪，就要及时提醒自己，不要被焦虑控制，防止情绪变得越来越糟。

而前面也提到了，我们焦虑的70%以上的事情和当下做的事没有关系，回想过去或想象未来都可能加重焦虑。那就不要去想这些给自己徒增烦恼，专注当下，焦虑会减少很多。

抱怨是乱扔情绪垃圾

说起抱怨，同事小李谈了她的一段经历，她加入过一个微信妈妈群，也许叫吐槽群更合适，因为妈妈们除了交流育儿经验，也顺带着聊点八卦，吐槽老公，抱怨婆婆。

姐妹们真的很不容易，事业、家庭都要兼顾，还不被理解，有个地方交流、发泄一下情绪挺好的。

家事多了，抱怨是难免的，有人说喂夜奶，自己没法安睡，老公却在一边呼呼大睡，孩子尿片也不帮忙换；有人说婆婆不带孩子也就算了，还在背后说坏话。

这种抱怨是有传染性的，毕竟谁没个家长里短呢。不管是谁先讲述遭遇，都会引起一场抱怨接力赛，妈妈们争相吐露自己的窝心事。

小李曾经也参加群里的吐槽大会，以为把那些不开心的事，倾倒在网络上的一个角落，会舒坦一些。

但是，并没有。

她想不通，自己明明是倾倒了情绪垃圾，可是为什么，每次抱怨之后，满脑子都是那些不开心的事情，一分不少，还更心烦。

◎ 人为什么爱抱怨

当小李发现这个问题后，就退群了。

不再有点芝麻小事就到网上寻求安慰，回到一个不抱怨的世界，小李心情平静了很多。

她反思那些沉迷于妈妈群的日子，既然抱怨并不能让自己从坏心情中解脱，也不能解决事情本身，相反还会让心情更糟。但是，人为什么还爱抱怨呢？

是为了一种心理上的安慰。

在这个群里，谁的际遇比较可怜，其他人都义愤填膺地帮她骂人，讲述者能得到极大的安慰和集体归属感。

另一种安慰，来自比较。

苗苗妈有一次在群里痛诉家事，隔着屏幕，大家都能感觉到她声泪俱下。她戳中了姐妹们的痛点，纷纷说起自己的经历，一个个比苗苗妈更悲催，更无助。

吐槽到后来，苗苗妈打出了微笑脸：看着你们都那么惨，我好受多了。

她这话虽然是半认真半开玩笑，但也道出了人的一个普遍心理：别人过得并不比我好，那我就放心了。

我们之所以会抱怨，是因为抱怨能给人带来好处，能让我们获取同情、安慰，的确暂时能让人心里好受些。

◎ 抱怨是一种逃避，比起解决问题，抱怨比较简单

可是，既然抱怨会给人这样的好处，为什么我们在抱怨之后，心情并不会好转呢？

因为实际问题依然摆在眼前，并没有解决。而且，多抱怨一次，心里的怨念反而更深一些，长期来看，不仅无用，还有害。

曾经有个受伤小猴子的故事，讲一只小猴子，肚皮被树枝划破了，流了很多血。它给每一个见到的朋友看自己的伤口，边看边讲述自己是如何受伤的。

最后，因为它扒开伤口的次数太多，伤口无法愈合，导致它死掉了。

现实中很多人，也和这只小猴子一样，遭受伤害和不公的时候，不停地对别人倾诉，打开自己的伤口给别人看。

如同祥林嫂，如同吐槽群里的很多人。

展示伤痛、抱怨没有用，因为它本身是一种逃避，只能换取心理上的片刻慰藉。

有人抱怨命运不公、抱怨环境不好、抱怨他人不配合，把自己放在被害者的位置，但其实，他说这些的时候，更多的只是为了发泄情绪，暂时逃避现实，并没有想真正改变。

我们公众号后台曾经收到这样的留言：老公屡次出轨，还家暴我，我该怎么办？

我回复她，离开他或者原谅他，关键在于你，离开他的话，你经济能不能独立，情感能不能接受？原谅他的话，你有没有想过怎么解决问题，让自己的境况和关系改变？

她说想离婚，但是自己没有工作，养活不了自己。

我建议她先解决生计问题。

她说年龄大了，又没有一技之长，找不到工作。

我说没有找你怎么知道找不到呢？

她说她就是太失败，不知道该怎么办，然后继续控诉丈夫家暴她的细节，还发自己受伤的图片。

我明白了，她留言的目的，不是想问她该怎么办，也不是为了寻求情绪疏导，只是想找个树洞，只是为了发泄负面情绪。

无论现实对她多么不公，她其实都不想挪步，但心里不舒服，想把痛苦全部倒出来。

她寄希望于有人听她诉说，抚慰她，甚至希望有外力让她摆脱现在的生活。

她本身是受害者，值得同情，但谁都知道，改变生活还是得靠她自己。而她现在仅仅停留在口头抱怨上，而且在抱怨的过程中，不自觉地找证据，来证明自己现在的处境是迫不得已，无力改变的。

在抱怨中，她禁锢了思维，她的全部心思都在苦闷上，没有抬头看看，到底该如何才能摆脱现在的生活。她如果把抱怨、纠结的时间，用来思考为将来打算，心思就会自然转到行动上，是没有时间抱怨的。

真正想改变的人，不会抱怨，会客观分析问题，别人的、自己的，从哪里着手解决，把不满的情绪化为一种力量，推动自己向前。

◎ 习惯性抱怨，破坏人际关系

威尔·鲍温在《不抱怨的世界》一书中写道："抱怨多半都只是'听觉污染'，有害于幸福美满。"

鲜少有人知道自己抱怨的频率有多高。抱怨就好比口臭，当它从别人的嘴里吐露，我们就会注意到，但从自己的口中发出，我们却完全不自知。

非非是个习惯性抱怨者，她的每一次恋爱，结局都是被抛弃。并不是她总遇到渣男，而是恋爱一段时间后，男朋友都忍受不了她的抱怨。

她总有那么多的不满意，她遇到的人都对她不好，她遇见的事情都对她不公。

●和男友一起去面馆吃早餐，她说面太咸，怨男友带她进错了店。

●坐地铁去上班，人特别多，她抱怨男友早晨贪睡，早起的话就可以赶前几班地铁，不会这么挤。

●工作的时候，她给男友打电话，抱怨同事太不讲道理，不做事还要抢她的功劳……

●男友如果没有接听她的电话，没有及时回复她的信息，她整个晚上都会抱怨男友不关心她，对她不闻不问。

因为非非总是在抱怨，无论男友怎样做，她都不能满意，她的每一任男友都不堪忍受。

而非非觉得自己很可怜，为什么就没有一个人愿意听她说话。

当她抱怨的时候，她关注的是生活中糟糕的事情，眼里心里都是这样的事情，对生活怨气连天，周围的人对她避而远之。因为如果不避开她，可能会被她榨干能量。

是的，她的痛苦，只有自己才能体会，别人听多了，会自动屏蔽“听觉污染”。常常受到抱怨影响的人，开始还能给予抱怨者安慰和同情，时间久了之后，浑身疲惫，觉得精力都被耗尽，可能连象征性的安慰都不愿意给了。

谁也不是谁的心灵垃圾桶，不要用抱怨使自己心情更糟，使他人心生厌恶。

我们的语言，并不是没有选择，只是我们习惯了认厌，习惯了逃避，习惯了说几句丧气话来获取廉价的同情和安慰。

经常抱怨的人，常常忽略的是，痛苦被自己无限放大，而且自己沉溺其中无法自拔。

而我们，其实可以选择自己的言语，创造自己想过的生活。

我们为什么会有互惠焦虑

英国玄学派诗人约翰·邓恩说过："每一种恩惠都有一枚倒钩，它将钩住吞食那份恩惠的嘴巴，施恩者想把它拖到哪里就拖到哪里。"

可见他人给的恩惠和好处，并不是白拿的。

博大精深的中文，也把"人情"称作"债"——收了别人的人情，都是要还，而且要加倍还的。

出于这样的原因，很多人会受了别人的恩惠而不安，甚至心里常常在想如何回报，发表在《经济心理学期刊》的一项研究把这种微妙的情绪称为：互惠焦虑。

◎ 互惠焦虑来自对边界的敏感

面对超市里热情的导购、爱拉家常的发型师、餐馆里照顾周到的服务员，很多人说"谢谢"，心里却在默念"不要理我，让我自己待着"。

人之所以会不舒服，是因为感觉到自己和别人的安全距离被打破，这种安全距离，来自我们内心的边界感。

边界感是生来就有的一种感知，只是每个人的认知、经历不同，造成对边界感的敏感度不同。

在电视剧《欢乐颂》中，曲筱绡自作主张帮助邱莹莹测验她男友人品如何，出发点是为了不让邱莹莹吃亏，但邱莹莹觉得自己被冒犯，和曲筱绡大吵一架。

是的，现代人并不期望别人主动帮忙，不愿意被别人的热心肠冲破了界限。

让人焦虑的恩惠，另一个越界的地方在于，它往往限制了我们选择的自由。

邻里之间互相关照本是件很好的事情，可是过多的主动帮助，也会给人造成心理压力，限制人选择的自由。

隔壁的王奶奶特别热心，我们下班回来晚了，她听见我们的开门声，就招呼我："这么晚回来，还没吃饭吧？来我们家一起吃吧。"我推辞都没用，她连拖带拉地把我按在她家餐桌前。

更不要说她隔三岔五地送好吃的来我家，主动帮我们看孩子了。

我常常觉得接受她那么多帮助，却"无以为报"。所以只要有机会"回报"她，我都毫不犹豫。

王奶奶的儿子做安利销售，儿媳是 ×× 保险公司员工，这些年，我一直找他儿子买保健品和保洁用品，在她儿媳手上买保险。

老公有时会嘀咕：我们完全没有必要吃那些保健品啊，保险明明也有性价比更高的选择。

我有点无奈，接受了别人的馈赠，哪里好意思亏欠人家啊？宁愿放弃更好、更多的选择，也要还了"人情债"啊。

◎ 不好意思拒绝别人，我们有时候还会选择说谎

有时候，接受别人的帮助很简单，拒绝却是件非常难的事情。因为答应只需要回答"好"，就皆大欢喜，而拒绝，直接说"不"很伤人的，往往我们搜肠刮肚想了一堆说辞，有时还要说谎。

类似“谢谢不用，我吃过了”“感谢你的好心，不过我正好上周买了同款产品”之类的谎话，相信大家都说过。

《教父》中早就教导过我们，尽量不要拒绝别人，他老人家的原话是：“你对你所爱的人不能说‘不’，不能常常说。这就是诀窍，当你说‘不’的时候，你得把‘不’说得像‘是’一样好听。或者你得让别人自己先说出‘不’来，你必须耐心而且不怕麻烦。”

看来这个“不”字，不只有我们觉得说不出口，连教父也要变着法地说啊。

心理学上有个实验，是关于人类为什么不愿意拒绝别人的原因。

参与实验的人被分为三组，分别是接受、拒绝和普通组。接受组和拒绝组要求回忆并且写下接受或者拒绝他人的感受，而普通组只需要描述事件就可以了。

在他们填写的调查问卷中，可以发现，拒绝组的成员，相比于其他两组成员，感到更多的痛苦。

越是在意他人评价的组员，在拒绝别人的时候，感受到的痛苦也就越大。

同时，担心拒绝行为会在未来给自己带来不好后果的组员，感受到的痛苦也更大。

可见，我们不敢直接说“不”的人，除了遵从中庸文化而违背内心以外，还因为考虑到了他人的感受、破坏关系的成本、为拒绝而感到愧疚等，拒绝人的时候，我们内心也不舒服的，所以，这时候说谎，可能算是个技巧性的处理吧。

但更多的是为了避免自己内心的冲突，减轻互惠焦虑。

◎ 如何缓解互惠焦虑

相信还有很多朋友和我一样，内心害怕“亏欠”了别人，总是尽可能地回报别人，即使那些回报会给自己造成一些困扰。

坦率地说，我有时候很想摆脱这种困扰，毕竟如果没有互惠焦虑，自己能有更多自由的选择。

后来我认真思考了这个问题，并且寻找了一些方法来解决自己的焦虑，我把方法总结出来，希望对有同样困惑的朋友有帮助。

1. 坦然接受

罗伯特·特里弗斯在20世纪70年代初提出了互惠利他主义理论，指出了互惠利他不是无条件的。

当受到他人帮助时，个体必须报答利他主义行为，如果不这样做，通常会导致原来的利他主义者在未来撤销利他主义行为。

这也指出了打破互惠焦虑、“人情债”循环的办法，那就是坦然接受别人的恩惠，如果不回报，对方必然不再给予恩惠。

接受恩惠而不回报，可能被人指责“情商低”，但如果你已经有了互惠焦虑，相对于被必须回报的“义务感”绑架，打破“必须”的执念，会更轻松一些。

的确是这样，我慢慢地改变了自己“必须回报邻居好意”的想法，不再买自己并不需要的保健品，他们对我的热情并没有减少，态度依然是礼貌的，只是不再强拉我去他家吃饭，但这样的相处方式反而是我喜欢的。

言情小说家皎皎，在她的《为你打开时间的门》里写道：“坦然接受别人的好意，就是一种感激。”

当我们遇到别人主动的帮助和恩惠时，坦然接受、表达感激，把对方的帮助当作不计回报的行为，我们内心的亏欠感会少很多，也不会一心去想回报。

2. 放下顾虑，对越界的行为说“不”

虽然礼尚往来有利于促进感情，但对于我们无力“回报”的礼物和帮助，我们完全可以礼貌拒绝；对热情的推销员，我们也可以说“谢谢，我不需要”；

对爱拉家常的发型师，试试微笑却不回应。

拒绝了越界的帮助和人情之后，我们一定会感到浑身轻松。

越多人了解边界意识，越少人受困扰。有边界意识的人，既懂得尊重他人，也懂得照顾自己。

我们并不需要害怕自己不被认可和接纳，放下拒绝的罪恶感，应付不来的人情只会产生内耗，让我们内疚而不安。

抛开需要得到别人认可的念头，敢说“不”，互惠焦虑会减轻很多。

3. 把关注点从对别人感受的揣测转移到解决自身情绪

互惠焦虑的来源，其实是自由感的失去，是担心自己如果不做，就会被人非议、背后指责，我们对他人感受的揣测，让自己不安。

但别人说的这些，如果我们不在意，怎么会引起焦虑呢？

我们没法控制别人的行为，没法让别人不要给予我们帮助和恩惠，但我们可以决定自己如何应对，要对自己的情绪和行为负责。

我们可以从分析情绪的来源做起：我之所以会焦虑，是因为我非常在意这个人、这件事，这种情绪本来无可厚非，但是我不能让负面情绪控制自己。

哈佛医学院心理学大师克里斯托弗·肯·吉莫在《不与自己对抗，你就会更强大》写道：“人生中大多数的痛苦不是别人给你造成的，而是自己跟自己过不去。”

实际上，每个人都会遭受两支箭的攻击：第一支箭是外界射向你的，它就是我们经常遇到的问题本身；第二支箭是自己射向自己的，它就是因问题而产生的负面情绪。

第一支箭对我们的伤害并不大，仅仅是外伤而已；第二支箭则会深入内心，给我们造成内伤，我们的负面情绪会伤害自己，越是挣扎，这支箭就会在我们的心中陷得越深。

我们要做的是拔出第二支箭，终止内心的纠结与对抗，接纳自己的情绪，并且想办法改变行为，做理性的决定。

另外，如果你自认为有互惠焦虑，并且对互惠焦虑量表有兴趣，可以测测看：

（每道题请按“1= 非常不同意，5= 非常同意”打分，加总除以题目数算出平均分，分数越高表示互惠关系给你带来的焦虑感越高。）

1. 如非必要，我不会请求帮助，以免亏欠别人。

2. 通常我不接受帮助，除非我确信我能很快还清所有的人情。

3. 一个人如果不能偿还相应的人情，就不该向朋友寻求帮助。

4. 如果我不能报答别人的帮助，我就避免请求帮助。

5. 当有人提出帮助我时，如果我不能偿还相应的人情，我通常会拒绝接受帮助。

6. 我不愿意请求帮助，因为那样我就不需要考虑我能给什么回报。

7. 当我收到别人的帮助时，我担心该如何报答他们。

8. 我常常害怕我不能及时回报别人的帮助。

9. 我担心如果我没有回报别人的帮助，人们会怎么想我。

10. 有时候，我觉得我太过关注如何报答别人的帮助了。

11. 当我欠了人情的时候，我感到焦躁不安。

研究参与者的平均得分是3.325分，如果你的得分高于这个数值，互惠焦虑可能已经对你造成了一定困扰，你可以试试我的方法，但愿能有用。

如果你身边的朋友、同事有互惠焦虑，建议你不要过于主动地与他们拉近关系。你的热情可能让他们有负担，不如顺其自然，他们不提出，你就不要主动帮助，关系反而会更顺畅。

没有超负荷的工作，只有超负荷的情绪

很多人对我说过同样一种状态：自己每天工作并不辛苦，一边无聊着，一边焦虑着。无所事事地度过，又害怕虚度了光阴，心理负担很重。虽然感觉特别累，可躺下了却睡不着，然后第二天又是同样的一天。

这种状态，大概就是别人说的：光是活着，呼吸，就已经竭尽全力了吧。

◎ 内心的对抗让人不堪重负

李艳是一名办公室文员，24岁，工作比较轻松，正是享受青春的大好年龄，她却整天愁眉苦脸，说自己活得很煎熬，因为要考虑的问题很多：工作、感情、生活。哪一项都不如意，也看不到前途在哪里。

她看着周围光鲜的同龄人，常常很自卑，总是担心全世界只有她没有过得更好，她的担忧很多：自己那点微薄的工资怎么赶得上飙升的房价？工作那么简单枯燥，我什么时候能换岗？我都24岁了，还没有找到合适的人，这辈子会不会一直孤单？我每天情绪这么低落，是不是有心理问题？我该怎么办？除了坐在这个格子间里，好像也没有别的出路。但这份工作让我连贵一点的房子都租不起啊。

她没法全身心地投入工作，经常想东想西，脑子里好像塞满了东

西，又好像一片空白，什么都没有，工作有时候就会出错。

她觉得自己特别失败，明明觉得自己的能力不差，早该换岗升职了，可是自己整天浪费时间，前途无望。她总是告诉自己明天不能再这样混日子了，可是，晚上想想路千条，早上起来走老路。

之前她只是情绪低落，最近身体也出现各种状况，内分泌紊乱、神经衰弱、口腔溃疡，她怀疑自己得了重病，可是做了各项检查，也没发现任何器质性病变。

她这种身体上的反应，其实在很大程度上，是一种信号，是在告诉主人：你的心太累了，它不休息，弄得其他器官都承受不起啦！

这是典型的心累多于身累，心累重于身累，心累困于身累。

是啊，当人的能力远远超出工作所需时，我们就会认为工作太枯燥无聊，长期重复劳动，会怀疑这份工作的意义，而自己又不能选择离职的时候，内心的对抗会让人痛苦。

李艳每天把自己陷入一种内心对抗的状态里，仅仅是对付内心的焦虑，就耗费了大量脑力，怎么会不累呀！

◎ 做得少却感到疲惫，可能是情绪超负荷

一个人的疲惫感和他当下做了多少事情，并没有直接的关系。

有个科学结论可能令我们大吃一惊：只从事脑力劳动是不会令人疲乏的。

曾经有科学家想给“疲劳”下个精准的定义，试图估算出人脑要集中精神多久才会出现“超负荷”的疲劳。

可是他们发现，当人脑活动时，流经脑中的血液并不含有“疲劳毒素”，

无论是脑力工作8小时，还是12小时，身体状况和工作之前，并无明显差异。

也就是说，没有体力劳动的情况下，头脑是不会疲倦的。那么，到底是什么让我们做得少，却也感觉很累呢？

著名的英国心理学家海菲德在其著作《心理的动力》中指出：“我们的倦怠感绝大部分来自心理状况，因生理产生的纯粹疲倦是很少见的。”

就像李艳，早上在写字楼里等电梯的时候，就已经开始心烦意乱了，电梯来得太慢，自己着急打卡，她使劲儿压制着内心的小火苗，终于等来了电梯，又挤得人贴人——还没开始上班，她已经很累了。

进了办公室，领导告诉她，昨天的PPT得改、给××公司打电话，同事拿着报销单催她去逐级签字盖章……

事情都不难做，却让她莫名焦躁，她满腹怨气，厌恶做琐碎的事情，感觉自己是一颗棋子，任人摆布又从来没得到重视。

她的工作并不饱和，而是典型的情绪超负荷造成的心累。

心烦意乱、神经紧张、情绪困扰是引起倦怠的几大常见因素。

◎ 不当的行动只是制造另一种焦虑

同样是焦虑一族，阿狸不像李艳爱空想，她属于行动派。她自知没有天赋异禀，也没有祖上荫蔽，唯有笨鸟先飞。她爱好读书，参加了一个早起打卡群，每天早上6点起床读书一小时，立志和同频的人一起飞。

可是阿狸的工作很忙，经常凌晨才能入睡，要求自己早上6点起来打卡开始读书，实在是有点困难的。

她咬牙坚持了半个多月，说“不逼自己一把，永远不知道自己潜力有多大”。

而开始早起后，她因为睡眠不足，白天的精神状态很不好，不要说看书的时候收获不大，就连以前能完成的工作，现在也是一拖再拖。

最近，闹钟依然早晨5:30响起，阿狸翻身告诉自己：再睡5分钟就起来。可是过去了一个小时，闹钟也响了6遍，她就在这一个小时里，心里不停地和自己斗争：该起来了，我再睡5分钟……

我问她为什么不直接把闹钟定到6:30，安安稳稳地多睡一个小时？她说不行，我一定要和自己的懒惰作斗争。

亲，你这不是在和懒惰作斗争，而是在折腾自己。是在用一种焦虑抵抗另一种焦虑！

你活得太用力，力气却没有用对地方，只是在用看似勤奋的行为，来消减内心对自己高要求的焦虑，此类行动等于没有行动，甚至不如没有行动！

◎ 你是不是在用焦虑填补空虚

人啊，有时候很害怕这一天白过了，浪费了，所以会下意识地找点事情来做。工作不能填满内心的空虚和无聊，即使用焦虑也要把它填满！

人真的是可以想尽办法让自己不开心，让自己陷入焦虑呢！

人的很多麻烦都是自己制造出来的，在很多悲观者的眼里，未来就是眼下不好状态的加强版，而自己是这个未来麻烦的制造者和被奴役者。

想到未来可能不会更美好而心慌，想到现状不如意会着急，想到昨天也是虚度的一天非常懊恼。感觉空虚的心情会让人很累，因为内心并不满足无聊的状态，产生虚度光阴、内疚的心理，这样的内耗让人不能放松。

我们为什么控制不住自己的焦虑？

因为我们其实没想控制它，而且潜意识里，想用这种焦虑对冲内心的不安。

直面不安应该是做点什么来改变，但相对于行动起来的难度，只是脑袋里胡乱想想，制造一点焦虑，逃避当下的问题，相对更简单一些啊。对的，人性就是这样懒惰。

所以，我们不停地想啊想，烦啊烦，累啊累。

杨绛早就说了："年轻人啊，不要想得多而做得少。"

想太多而做得少，不仅不能让你改变现状，还会从精神上摧毁你。光是内心焦虑的对抗，就够让人受的了。

不甘心维持现状，又找不到改变的途径。所以我着急，我等待着一个机会，可能让我改变命运。机会在哪里？当然谁都知道，不能只靠等，可是，我根本没有方向，能怎么做呢？这种焦虑只会是一种恶性循环。

◎ 情绪让你的肌肉紧张，所以你感觉到累

人们一般觉得体力或脑力工作是疲惫的原因，但其实，紧张的是工作中的肌肉，平时放松，才能节省精力，对付关键的任务。

现在我们回想一下自己的工作状态，在阅读文字的时候，是不是眉头紧皱？双眼觉得酸痛吗？是在椅子上轻轻松松地坐着吗？你的双肩耸起吗？面部肌肉紧绷吗？

如果是这样，那就是我们让神经及肌肉紧张，正在制造疲劳。为什么人们会下意识地产生这些无用且有害的紧张呢？

心理学家乔瑟林说："世上所有的人都相信工作努力必须表现出一种很费力费心的感觉，否则事情不算办得好。因此，精神集中时就会皱眉，耸着双肩，

使我们的肌肉进入一种‘费力’的状态，其实这对我们的思考毫无裨益。”

相对于其他行业，IT 业大概是对着装、对所谓的“工作态度”要求最低的行业了。

大家尽量穿着宽松舒适的衣服就好，比如 T 恤、格子衬衫、牛仔裤、休闲裤、休闲鞋，甚至很多人还会在办公室换上拖鞋。

他们是工作压力最大的行业之一，对着装的非正式要求，以及不会因为他们的姿态评判工作态度，正是为了放松肌肉，把主要精力用在工作上。

◎ 如何放下内心焦虑的对抗

人体本身也存在资源的分配，当你分配了时间、精力成本在某件事情上的时候，如果没有得到相应的物质资源或者安全资源等的回馈，会容易感到泄气和失落。

这就是为什么很多人一边工作一边抱怨，就是因为自己为工作付出了时间精力等成本，却没有收获预期。觉得工作配不上自己，所以觉得不值、不甘心。

怎样才能让这种焦虑和不甘停止？那就是放下内心的对抗，提高单位时间成本的回报率。也就是把在工作里混日子，工作外不甘心又不知道做什么，用来焦虑的时间，拿来解决具体问题。

需要强调的是，改变要从行动开始，而不是从自我施压开始。

我们都是着急的大多数：再不努力就晚了，再不……就来不及了……可是，我们往往只是这样想，而手上呢，继续拿着手机刷朋友圈。

自我施压，从意志入手改变行动，是不可行的。用毅力管束自己那么累，那么违背人性，试问有几个人能坚持？

李笑来在《我们重新认识了“坚持”》中说道，一个脑子里满是“坚持”和“毅力”的人，为什么不能坚持做好一件事情？因为，他永远在纠结如何摆脱坚持的痛苦。

所以，放下内心意念和惰性对抗的办法是，动起来，有时候并不需要做宏大的职业规划，大目标太虚空，或者根本做不到，人容易放弃。而只需要自己不断尝试，做点小事来改变每一天的活法，每天完成一个小目标，让生活充实一点，不给焦虑太多时间，才能真正减少焦虑和疲惫感。

把一些小目标落实到行动中，然后养成习惯。这才是用行动改变思维模式。

另外，既然说肌肉紧张，造成了我们感觉累，那么我们可能需要做一些改变，防止自身肉体、心理一直在迫使肌肉持续耗能，造成内耗。

印度瑜伽大师研究过猫的动作，柔软、慵懒，它可以帮你体会放松。我们可以先从姿态上放松下来，继而让心平静。

放弃那些刻板的、关于“工作态度”的成见。坐得不端正，并不影响工作效率，心里着急、毫无计划才会。

人必须停止内耗，减轻内心的负担，才能让我们对抗心累和“丧”的生活。

担忧未来、遗憾过去，怎能不焦虑

◎ 我们常常活在过去和未来

我们常常活在过去。

快乐的不快乐的，都能让我们不停回想。感动过的故事、怨恨过的曾经、遇见过的前任……我们从来没有忘记，也不想放下。触景伤情是常有的事，仿佛当初如果不那样就不会有今天的境地。

我们也常常活在未来。

我们既向往未来，又恐惧未知，永远在谋划将来，设想以后，为明天做准备。房价在飞涨，我得拼命工作才能挣到首付；时代在进步，我必须不停学习，囤了几十门网课，只等有空时候来听，可是一直没空，我着急，再不学习就要被时代淘汰了啊。

我们却无视眼前的生活，无视眼前的问题和困难，似乎只要跳过现在，以后就一定会更好。

而正如希腊哲学家库里希坡斯所说："过去与未来并不是'存在'的东西，是'存在过'和'可能存在'的东西。唯一'存在'的是现在。"只有现在，才是生活的中心，才是生活中我们该唯一关注的部分。

人生不能回头，我们又何必频频回头？未来还没到来，我们翘首观望，也不可能看到全貌，不如把目光放到眼前，珍惜眼前人，做眼前事。

◎ 心不在当下，生活充满焦虑

“活在当下”是一个简单却极具人生智慧的词。如果我们能做到这四个字，能解决我们人生中大多数的焦虑和情绪问题。

一个不能活在当下的人，整天都会生活在焦虑中。

早晨一睁眼，有人就在心里列工作计划，并沾沾自喜，我是一个懂得时间规划的人。突然想到昨天没有完成计划，就因为同事拖了后腿，全组因为他加班，今天真不想看到他。

莫名就有了起床气，真烦。

其实醒来的当下是什么呢？就是醒来啊，舒展一下不好吗？让自己复苏，工作的问题留到工作的时间处理，不好吗？

因为起床气在床上赖了一下，耽误了点时间，刷牙洗脸时，他心里有点着急：快点，要迟到了。

慌慌张张出了门，心里又一个激灵：我到底锁好了门没有？

坐到了工位上，接到一个棘手的任务，着急。这么赶的活儿，做不好做不完又要被骂。烦。干脆拖延一下，看下网页、刷个朋友圈、看微博。

中午去食堂吃饭，突然想到老妈昨晚的电话，问他到底什么时候能带女朋友回家。瞬间没了胃口。

下午正上班，朋友微信来了：晚上的相亲，你可要好好准备一下哦，不要像上次。

他想到了那次失败的相亲，今天我的确不能再这样了，特意去了趟卫生间，看了下镜子中的自己，早知道上周末该去理发的。唉，今天这样是不是又要失败！

下班了，今天吸取教训，提前10分钟到了约好的餐馆。见的姑娘让他眼前一亮，漂亮大方又健谈，是理想型呢。该死，这时候，他的脑海里突然又想起了前女友，也是非常合适的人，可惜自己不懂得珍惜。

过去的一幕幕涌上心头，难免有点伤感。对方应该也看出了他的游离，以为他心不在焉，她也没了兴致，话渐渐少了下来。吃完饭也拒绝了他送她的请求，自己打车走了。估计这次相亲又失败了。

回到家里，他非常失落，心烦意乱地玩了一晚上手机，洗洗睡了。

一整天，整个人都不在状态，没有一件是自己用心在做的，也没有一件是顺利的，都因为他没有“活在当下”。

◎ 何为“当下”

佛家常劝世人要“活在当下”。何谓“当下”？在英文中是指“real moment”，简单地说，“当下”指的就是：你现在正在做的事，你现在所在的地方，现在与你一起工作和生活的人。

“活在当下”就是要你把关注的焦点集中在当下这些人、事、物上面，全心全意地认真地去悦纳、品味、投入和体验这一切。

一行禅师说得好：当我们提起正念喝茶的时候，我们就是在练习回归当下，以便活在此时此地。

当我们的身心完全安住当下时，热气腾腾的茶杯便会清晰地显现在我们面前，我们知道，这是一种美妙的存在。这时我们便真正地与这杯茶沟通了。只有在这种情形下，生命才真正地显现。这正是：茶杯在手中，正念直提起，吾心与吾身，安住此时地。

活在当下就是专心地享受现在。

◎ 你真的会吃饭、睡觉吗

有一个信徒问佛祖释迦牟尼：“您常常教我们活在当下，那究竟怎么做才算活在当下呢？”

佛祖说：“吃饭就是吃饭，睡觉就是睡觉。如此而已。”

猛一看来，这么有智慧的佛祖怎么会说出这样的大白话呢？其实，越是简单的越是有道理。细细想一想，佛祖的教诲，我们真的做到了吗？我们真的会吃饭、会睡觉吗？

就像前面说的，有人醒来，不是让自己复苏，而是随时让心思切入工作状态；洗漱不是在洗漱，锁门不是在锁门，是机械地完成一个程序，而且满心焦急；吃饭不是在吃饭，他满腹心事想到昨天家人打过来的催婚电话，食之无味；有的人睡觉的时候还在想着白天发生的事，而且更多的是一些不愉快的事，想着想着就咬牙切齿，甚至泣不成声。这能叫睡觉吗？简直是在受罪，自我折磨。

这样来说，我们很多人，真的做不好一件自生下来就会做的事情，不会吃饭，不会睡觉。

◎ 如何做到“活在当下”

阿德勒说：“不必勉强自己去肯定，不要用直线去衡量自己已经到了哪里，而是要看看每一个刹那是如何度过的。”

然而，“不念过去、不畏将来”，却是说起来简单，做起来非常困难的八个字。

谁能做到不睹物思人、触景生情？任何人在当下的瞬间，也总会有思绪回到从前，或者飘到未来。

那么，没有必要逃避那些心里的瞬间，这些情绪，也是我们当下感受的一部分。我们要做的，只是找到合适的排解办法，而不是任由情绪蔓延，直到让自己焦虑到无法解决。

解决当下的负面情绪，也是活在当下的一部分。

活在当下，不是“今朝有酒今朝醉”，不是放任今天的生活，也不是对未来毫无规划。而是，做好眼前的事情，感受当下的心情。

是专注。

无数个当下，终会随着时间的推移，变成过去。而明天，就是由现在的当下瞬间组成，有这一刻，才有下一刻。

不能专注于这一刻，下一刻依然要收拾这一刻留下的烂摊子，思绪无法进入下一刻，人自然无法活在当下。

钱锺书说：“洗一个澡，看一朵花，吃一顿饭，假使你觉得快活，并非全因澡洗得干净，花开得好，或者食物符合你的胃口，主要是因为你心上没有挂碍，轻松的灵魂可以专注肉体的感觉，以此来欣赏，来审定。”

太妙了，做一个轻松的灵魂，专注肉体的感觉，吃好饭、睡好觉，把该做的事情做到极致，哪里还会担心明天、遗憾过去？

每天醒来，我们都要对自己说：“今天是我余生的第一天。”在这样的自我期许之下，每一天都是自己崭新生命的开始，每一天我们都要用快乐的笑脸去迎接它。珍惜每一个当下的时光，珍惜每一个美好的事物。

放下那些执念，过好今天，才是对明天最好的准备，而“较之于当下在我们之内的，于我们身后的过去和眼前的未来，都是琐事”。

没有安全感，或许是件好事

◎ “安全感一旦得到，就毫无价值”

安全感是个老生常谈的话题了，让我印象很深的是有一期《圆桌派》，窦文涛说的一句话：“安全感是一旦得到就毫无价值的东西。真正可怕的不是没有安全感，是生活的停止，无论男女，不安全是让人提气的、促使人进步的、对抗惰性的。”

的确，人人都在追求安全感，但正是因为没有安全感，人类才得以繁衍和进步，人类居安思危，才越来越强大。

生而为人，没有安全感不见得是坏事。

●人们害怕生病，才会做到生活规律，饮食健康，对抗惰性坚持锻炼身体；

●人们害怕被时代抛弃，才会早起读书，终身学习；

●人们害怕交通危险，才会发明安全座椅、安全气囊、紧急设置。

人们常说“不怕一万，就怕万一”。是的，这个“万一”是未知的还没有发生的事情，是人们内心的不安全感带来的恐慌，但它也是让人进步的动力。

那些不怕万一的、有安全感的人呢？有的找到了好工作，以为可以抱着金饭碗吃一辈子，不学习不进步，谁知道人到中年被下岗，他愤怒地控诉前半生都扑在工作上，没有其他技能，自己以后无法生活。有的嫁人以后躺在“安乐窝”，得知老公出轨，无法承受。

他们得到了安全感，却让生活停滞不前，这样的安全感，其实最危险。

◎ 安全感，就是允许危险发生

世上并没有一成不变的东西，包括人与人、人与社会的关系，那么，何来“安全”可言？

梁文道就坦言，他没见过谁有完全的安全感，一个事业再成功的人，也会有不安全感。

他谈到了日本的一个群体：退休的男人，他们不再需要为事业打拼的时候，同时也没有了生活的目标，突然发现原来自己一无所有，家不是自己能掌控的地方，子女早已长大离开，妻子有她们的生活圈子……而自己，除了工作，什么也没有。

退休男人的崩溃与缺乏安全感，其惨烈程度如同一个人的信念和支柱被摧毁。

可见安全感就像鬼魅，人人谈论却从未有人真正见过。

不安全才是常态，聪明的人类一直在慢慢适应它。

心理学上有个词语叫“防御性悲观”，是由斯坦福心理学博士、著名心理学家南希·坎托（Nancy Cantor）在20世纪80年代提出的，指的是人在面对问题时，考虑和分析可能出现的最坏的结果，做出应对计划。

防御性悲观，是适当的悲观，并不是恐惧可能发生的危险，而是做好准备，防范风险，是一种预测消极后果，并采取相应措施的心理策略，是一种成功的应对策略。

这种未雨绸缪的心态，可以让人更好地应对艰难险阻，即使危险真的发生，也可以有条不紊地面对和处理。

悲观者抱怨风大，乐观者期待风停，而防御性悲观者会调整风帆。

简单来说，防御性悲观者的安全感，不是没有危险，而是允许危险发生。

◎ 人生的安全感，来自对人生不安全感的充分体验

安全感就是希望能够得到一种稳定、安全的心理需求。人们在寻求安全感的时候，想要的是确定性和可控感。

人们努力获得可控感的防御性应对策略，一般来说整个过程包括：悲观预期、心理演练、自我认知、制订计划和付诸行动。

1. 悲观预期

美国作家莉莎·克莱佩说："我喜欢悲观主义者。总是他们，才是那些带救生衣上船的人。"

"带救生衣上船"，对于防御风险是多么形象的比喻啊。

对事情做最坏的打算，似乎很丧气，但这并不是指人们脑海里确定坏事一定会发生，只是预设糟糕的结果是可能性之一。

做这样预期的时候，并不会增加人内心的焦虑，相反，《乐观者赢，悲观者胜》的作者朱莉·诺伦（Julie Norem）认为，防御性悲观是一种非常有用的降低焦虑的认知策略。

当人产生焦虑情绪时，假装乐观，或者迫使自己往好的方面想是无济于

事的，防御性悲观的策略会使你进入焦虑的深处，将焦虑分解成一个个具体的部分，就这些具体的部分来做好充足的准备，避免坏的结果产生。

朱莉·诺伦说："如果你不自己亲身体验焦虑，就很难洞察在其中让你感到无助的到底是什么。"

2. 心理演练

在所有人类的大脑中都有一个关怀回路，它创造了同情、温暖和爱的体验。

一个人如果缺乏自我关怀与自我同情的能力，往往就缺少了应对痛苦的方式，关怀回路不够强，也就无法拥有强大的内心。

自我觉察，能帮助人培养自我关怀和自我同情的能力，加强关怀回路对人的作用。

电影《三傻大闹宝莱坞》里，兰彻说："我们不要活在恐惧和伪装里，心很脆弱，我们要学会'哄'它。"

兰彻"哄"心的办法是，念万能咒语："Aalizz well（一切皆好）。"

告诉自己"一切皆好"，并不是盲目地回避现实，也不是逃避痛苦，而是在了解情况后，理解痛苦的本质，做出应对，让内心安定。

防御性的心理演练，是想象出可能发生的情境，细化可能出现的问题，包括如何面对失败，如果危险发生，如果行动无法挽回局面，该怎么办？预设自己处于此类情境下，如何排解焦虑、愤怒或者抑郁等情绪。

通过自我觉察的心理演练，提前解决可能出现的问题，获得自我关怀和同情，能减少情绪困扰，让人得到安全感。

"二战"期间，美国有一则征兵广告既幽默又智慧，它写道："来当兵吧！当兵其实并不可怕。

"应征入伍后你无非有两种可能：有战争或者没有战争。没有战争有啥可怕的？

“有战争后又有两种可能：上前线或者不上前线。不上前线有啥可怕的？

“上前线后又有两种可能：受伤或者不受伤。不受伤又有啥可怕的？

“受伤后又有两种可能：轻伤或者重伤。轻伤有啥可怕的？

“重伤后又有两种可能：可以治好或者治不好。可治好有啥可怕的？治不好更不可怕，因为你已经死了。”

——当人们的内心能冷静地面对可能发生的最坏情况后，反倒有利于用积极的态度去面对问题，使情况向好的方面转化。

3. 自我认知、制订计划、付诸行动

凡事做最坏的打算，但要做最好的准备。

做事之前，每个人都有必要评估下自我的能力和风险接受程度，在自己能接受的最坏结果范围内行动。

安全感来自对自己的信任。很多人没有安全感，其实是不自信，爱妄自菲薄。

心理学家通过对人们阅读、驾车、下棋和打网球等各种技能的研究中发现，在有关幽默感、语法和逻辑的测试中得分低的人，对自己真实能力的评估更不准确。

也就是说，能力越差的人反而自我感觉越良好。

读到了这里，是不是心里有些窃喜：原来我不自信，无法给自己安全感，是因为我能力相对比较高啊。

是不是这样呢？

放松一些，我们来做一点点简单的事情认识自我。

人可以自我评价，也可以从关系中来认识自我，克里希那穆提曾说：“你认识你的面孔，因为你经常从镜子里看到它。现在有一面镜子，在其中你可以看到完整的自己，不是看到自己的脸，而是看到自己心里所有的事情——所有的感觉、动机、嗜好、冲动及恐惧。这面镜子就是关系的镜子，你与父母之间的镜子，你与老师之间的镜子，你与河流、树木、地球之间的镜子，你与自己思想之间的镜子。”

认识自我的时候，一方面要分析自我、反省自我，另一方面要跳出自我，用他人的视角来看待自我。

让我们试着把自己剥离成两个人，自己与自己对话。谈自己的经历、感受、开心和痛苦，这时候，我们很容易发现自己身上，过去不曾注意到的一面，我们更能理解自己，更能认识到自己的能力。

在考虑到自身能力情况下的防御性策略，会考虑如果坏事发生该怎么办，同时也会考虑，能不能阻止坏事的发生？

他们客观地看到可能出现的坏情况，但绝不放弃争取最好的可能，以及做好准备减少损失。

制订计划是建立在对自我有充分认识，适合自己的有步骤的计划，并且在行动的过程中，能够实时调整，找到扫除障碍的可行性办法，并对结果有把控。

实施的结果，在很大程度上取决于我们过去的经历和反复的训练。

考试前做好准备的人，考试很少失利；身经百战的人，战场上更加沉着冷静；经历过苦难的人，面对生活的磨砺更为坦然。

但世界不会只有赢和成功，这里说到对结果的把控，包括两个方面：一方面，是有把握成功；另一方面，是能接受失败。

允许危险发生，才是人真正有安全感的表现，正如心理治疗大师M.斯科特·派克所说，“人生唯一的安全感，来自对人生不安全感的充分体验”。

人生的无力感让人痛苦

不同年龄段的人，有不同的危机感。

虽然都是人生那点事，但中年人的焦虑和危机感明显更深重，这种深重来自无法逃避。

人在年轻的时候，痛苦也有很多，学业、交友、前途，甚至合不合群都是一个让人焦虑的原因。

但那种痛苦可以转移，可以倾诉，可以宣泄，甚至可以借由酒精的作用，让人重新振作。因为年轻就是希望，一切都来得及，“年轻人犯错误，上帝都会原谅的”。

而中年人的压力，让人无处躲藏——你是家里的顶梁柱，不可以示弱，没法任性。

内心却发现怎么会有那么多解决不了的问题，并且自己已经不能像年轻时候那样乐观，任凭多少酒精麻痹也能清醒地认识到，未来不会变得更好，身体只会每况愈下，事业也不会再上一层楼。

有中年危机并不奇怪，我只是惊奇于，有此类焦虑的人群越来越年轻化，许多刚刚30岁的人对我说，他有很严重的中年危机。

这种焦虑真的是中年危机吗？

中年危机到底是什么？来源是工作、生活的压力，还是自己承受力太差？为什么这种危机越来越年轻化？

◎ 中年危机的核心是无力感

有人家庭压力太大。一个月挣8000元，房贷就花去3000元。家里上有老，年老病多，需要照顾；下有小，要么进入青春期叛逆，要么学业需要操心。老婆也没个好脸色，嫌弃他挣得少。

工作上很难有进展，上升无望，下面又有一大拨肯拼命又有头脑的年轻人在虎视眈眈地盯着自己的位子。

改变无力。学习能力不如年轻人，接受能力也变差，不幸进入一个夕阳行业，想要转行，却感觉比登天还难。

就这样混着，看不到多大的希望。每天都战战兢兢，自己业绩不行，有可能是被公司淘汰的首选。

他觉得窝囊，却也无可奈何。

这种无力感，在电影《美国丽人》里，男主角莱斯特表现得淋漓尽致。

莱斯特是一个平庸的中年男人，社会地位一般，妻子比他挣得多，比他强势，他内心压抑，却找不到适当出口。叛逆的女儿鄙夷他，甚至恨他。

他像一具行尸走肉。

女儿同学的青春气息和她表象的诱惑，让他的男性自尊得到复苏。无论是她没有闪躲的眼神，还是女孩之间关于性的讨论，都像飘荡的玫瑰花瓣，撩拨唤醒他死去的自尊和生活。

他意识到不仅仅要活，还要生活……

于是他中年叛逆。

他用了普通人面对中年危机的方式：辞职、买车、意淫年轻姑娘。仿佛这些都是可以内服外用的药丸，吃下就能化解生活中需要面对的千疮百孔。

而现实，终究是要面对的。

直到死去，他刚刚捋顺了心里的各种渴望，大概明白如何度过余生，却已来不及的时候，他的心一直像影片中的塑料袋，在风中飘荡。

现实中的他们、电影中的他，都是因为事业生活均惨淡，所以有中年危机。

那么，事业不成功、家庭压力大，是中年危机的根源吗？

并不是，很多活得看起来很风光的人，一样经历着中年危机。

因为中年危机，还有非常可怕的一点是，突然有一天，曾经不可一世的我发现，我只是个普通人！

这太让人丧气了！

年轻时候，他们奋力追求物质，拼命挣钱，一心想着出人头地，现在发现，在外人看来，倒是积累了一点财富，而其实，生活的质量并没有真正提高，以前怎样生活现在依然怎样生活，内心的虚无感非常强烈，不了解人活这一辈子是为了什么？

V是会计师事务所合伙人，一年能挣不少。我们说你财务自由了，可以提前退休了。

他叹口气：财务怎么能自由？对于我们这样的中产阶级，钱永远都是不够的啊。

车子——身份的体现！房子——不买大的，孩子怎么住？孩子的教育，跟不上的话，可是要后悔后半辈子的！

这些物质，需要多少财富来支持？没有上限。如果你现在对有钱的定义是每年挣50万元，一旦达到这一收入，你对有钱的定义起码会变成每年挣100万元！当你到达一个阶层，就要有相应的财富来供给这个阶层需要的物质。而自己，在这个阶层，显得那么普通。

所以，财富总是不够。

他曾经的理想，是45岁退休，环游世界。而他离这个年龄只剩3年，理想也变成了终身学习，永不退休。

现在看来，“理想”这个词太奢侈了，和现实比起来，太不值得一提了。

如果年轻人较量的是起点和社会阶层，中年人较量的则是家庭和社会负担。

V说荷尔蒙没了，多巴胺不分泌了。人到中年，突然发现，人生好像特别无趣，没有了目标。

高晓松笑称：“没到40岁的时候，以为‘四十不惑’的意思是到了40岁就想明白了，之前不懂的就能懂了。等到了40岁后，发现‘不惑’的意思是你不明白的事都不想明白了。”

◎ 年轻化的中年危机

如果说40岁左右的中年人感觉无力、平庸、思考不出人生的意义，那么，那些叫着有了“中年危机”的年轻人，他们的危机感来自哪里？

来自他们收获的一些，比如事业、金钱、感情，但同时，也感受到这些东西带来的压力。

萧伯纳说：“人生的苦闷有二，一是欲望没有被满足，二是它得到了满足。”

人是永远不会满足的，越是走在变好的路上，反而越是不安和痛苦，不仅是因为想要更多，也因为担心这些拥有的东西，随时可能会失去。

年轻的“中年危机”者们，正是这样，他们的危机与年龄有关，更与时代有关，如今很少人能一辈子只从事一种职业。在每一个时代浪潮席卷来的时候，受影响最大的，永远是年轻人和中年人。

职场上有“35岁危机”，说35岁是人职业生涯中的一道坎，“找工作嫌你老，想退休嫌你小”。如果35岁尚未做到中层或高层，则会面临升职无望，有些企业甚至默认会清退35岁以上的员工……

而这时候的他们，相对刚工作的小年轻，已经有了一些资历和资本，更害怕失去，想要握紧拥有的一切，所以更为焦虑。

当然他们的实际年龄并没那么老，准确来说，他们的危机感是压力，其实也是动力。

◎ 真正的原因是心态失衡

中年危机，说到底是心态危机。

并不是每个中年人都一定会经历的，也不是有了危机感就无法克服的。

心理学家荣格，后期专门治疗“中年危机”严重的病人，他发现他的大多数病人都很能适应社会，且有杰出的成就。

“中年危机”的原因就在于缺少内心的整合，通俗地说，也就是缺乏个性，因而不免感觉人生的空虚。

荣格认为一个人的一生，应该尽量发展自己人格的各个方面，达到人格的和谐统一。

他认为人格有很多面，而外人看到的，往往是我们的人格面具，也就是我们愿意展现给别人看的社会角色。比如，一个勤勉努力的职员、一个春风得意的企业家、一个兢兢业业的教师、一个有神圣职业感的警察、一个慈祥严厉的母亲、一个孝顺的儿子等。

我们之所以戴上人格面具，是因为想要表现出个人好的有价值的一面，给别人留下好印象，得到社会的承认。

而只有一个人放弃自己的人格面具，才能发掘出内在的精神价值。

当人卸下了用来逢迎社会的人格面具，听从自己内心召唤的时候，他会重新变得朝气勃勃、精力充沛，不再是按他人标准行事的木偶。

在我身边，人到中年没有危机感的，一般有两类：一类是找到了自己热爱的工作，并且家庭和睦幸福的；另一类是随遇而安，对工作和生活要求不高，擅长自我心理调节的。

成功者毕竟是少数，接纳自己，坦然承认我们是平凡的大多数，并没有什么不好。认清现实和接受失败的人，不是懦夫，反而是内心强大的人，是可以重新振作的人。

就像《美国丽人》里的莱斯特，他终于勇敢做了一回自己，他辞职去做麦当劳店员，他锻炼健身，他愤怒，不再压抑自己内心的想法，审视自己的人生轨迹，在生命的最后一刻，终于救赎了自己的内心。

都说人的一生会长大三次：第一次是发现自己不是世界中心的时候；第二次是发现即使再怎么努力，终究还是有些事令人无能为力的时候；第三次是明知道有些事无能为力，还是会拼尽全力的时候。

人到中年，大概是我们第三次成长的时候吧，过程并不轻松，给自己一点时间和空间，静下心来倾听内心的声音，内在的坚定能给我们更多力量。

做个平凡人，并没那么简单

阿芙的女儿上小学四年级，和很多家长一样，阿芙几乎每天在辅导作业时，她的内心都会遭受一次暴击。

笑脸相迎女儿回家的一小时后，检查作业的时刻到来，慈母的形象总会坍塌。即使她忍住了没有发怒，想必五官也憋扭曲了，阿芙告诉自己要有耐心。

直到有一次孩子愣是半小时也没能背下一首七言绝句时，阿芙崩溃了，失去了检查作业的勇气。

妈妈撤了，爸爸去补位，不一会儿，父女俩欢声笑语，阿芙偷偷去看，他们早把书扔一边了，在画“无奈的妈妈”！

阿芙好气又好笑，丈夫说：“你急啥，可能我们女儿是上不了哈佛，但我俩都只是普通大学毕业，不也过得挺好吗？她资质平平，就做个平凡人，平平安安过一辈子，我觉得很好。”

◎ 家长太焦虑，想把每根手指拉得一样长

台湾著名作家吴念真讲述过类似的事情。

他的儿子数学成绩很烂，老师在和家长的联络簿上写道：“数学成绩要加强！”

儿子回到家里，母亲劈头盖脸就是一顿臭骂。

吴念真把老婆拉到厨房，问："你原来读书的时候，数学有没有很好啊？"

老婆回答说："很烂！"

吴念真说："我也很烂！大学联考才考了10分。"

然后吴念真和老婆很严肃地谈了这个问题：我们自己都做不到的事情，就不要为难孩子了。

的确，不为难孩子，我们要承认差距，可能我们无论怎样着急，孩子都不能成为学霸。

阿芙也自我反省了一番：总说要无条件爱孩子，怎么就不能接受他成绩不好，不能接受他的平凡呢？

有部电影叫《地球上的星星》，小主人公伊夏不只是平凡，而是很差劲。

他是个典型的熊孩子，调皮捣蛋，成绩极差，父母都拿他没办法。

学校的老师尼克却发现，孩子成绩不好是因为他有阅读障碍，他叛逆只是为了掩饰自己学习能力差。而且这个孩子，在画画方面很有天赋。

伊夏在老师的鼓励和帮助下，绘画比赛获得大奖，有了信心，学习成绩也突飞猛进。

尼克老师说："每个孩子都有独特的才华、能力和梦想，但每个家长都不顾一切地想把每根手指拉得更长。"

是啊，我们都是那个想把每根手指拉得更长的家长。

"每个孩子都是一颗花的种子，只不过每个人的花期不同。有的花，一开始就会很灿烂地绽放，有的花，需要漫长的等待。不要看着别人怒放了，自己的那颗还没动静就着急，相信是花，都有自己的花期。细心地呵护自己的花，慢慢地看着 TA 长大，陪着 TA 沐浴阳光风雨，这何尝不是一种幸福。相信孩子，静等花开。也许你的种子永远不会开花，因为他是参天大树！"

可能父母都太着急、太紧张，害怕孩子落后，我们在让孩子更优秀的路上一路狂奔，但现实更大的可能是，孩子最后还是一个平凡人，而我们对于怎样教孩子成为一个平凡而幸福的人，做得太少。

◎ 接受孩子平凡，是和自己和解

我们的孩子，承载了太多我们的寄托。我们希望他们出人头地，希望他们学业优秀，艺术、体育也不能差。我们听到“阶层固化”四个字就内心焦虑，害怕下一代不能比我们过得更好。

我们铆足了劲儿督促孩子学习，上培优班——好像这样做，就能为孩子的人生助力。

可我们有没有想过，这样做，多少是为了减轻自己内心的焦虑？这一切都是从父母认为对孩子好的角度出发的，我们很少关心孩子是否真的想学这些吗？我们甚至没有想过，孩子适合学这些吗？

儿童教育专家小巫说：“父母对孩子过度保护和过多干涉，是因为他们内心怀有太多的恐惧和不安全感，他们不信任这个世界、害怕未来、不相信自己，因而也不信任孩子。”

家长们太担忧孩子的未来，患得患失，和所有焦虑的来源一样，担忧那些没有发生的事情，拧巴着自己，也让孩子精神紧张。

美国闻名的临床心理学家温迪·莫格尔博士在《放下孩子》这本书里，讲述了犹太家庭在教育方面的观点：伟大并不仅仅囿于显赫的成就和殊荣，也存在于我们每天努力的点点滴滴；我们没有必要被这个疯狂、世俗的社会所吞噬，完全可以从社会中汲取有价值的营养，不能被完全物化。

我们无法预计将来到底是什么样子，所以我们想把孩子培养成各方面优秀的通才，但这可能埋没掉孩子的潜能，得不偿失。

但我们可以预计什么样的人格品质能让孩子终身受益，比如坚强、乐观、诚实、有应变能力等。

教给孩子这些品质，需要家长先放下自己的焦虑。

家长寄托太多自己的期望在孩子身上，消磨掉的是孩子内在的驱动力，孩子需要理解和支持，他们才更有信心，敢于追求人生的幸福。

◎ 为什么家长可以接受自己这辈子没什么奔头了，却难以接受孩子可能平庸的现实

因为我们固执地认为，孩子还小，一切都来得及，只要努力，就有收获：孩子，我们不拼爹不拼妈，单凭自己，也不比别人差!

单方面使劲儿的父母啊，您可能忽略了一些事情，比如，孩子的天分，孩子的兴趣、特长，还有，孩子能不能接受您的灌输和教育。

孩子那么小，就像一张白纸，请不要在这张纸上写满焦虑，这两个字对孩子是桎梏。

我们总说“知足常乐”，对待生活要有平常心，可是，为什么在养孩子的时候，我们却往往期望过高，失去平常心?

因为家长自己不满足，内心不平和。我们对于自己的生活，不是因为知足而不争，而是被磨去了棱角，选择向生活妥协。但我们不甘：自己这辈子就这样了，我的下一代，必须出人头地。

如何才能出人头地呢?成绩好，上名校，有份好工作，赚到钱。这样就够了吗?如果够了的话，怎么会有那么多高学历、高收入的人，怨恨父母，甚至公然说“父母皆祸害”?

让孩子拥有一颗健康的心，远比成绩好、上名校要重要得多。

爱孩子的父母啊，接受孩子可能会平庸的现实，放下那些非此即彼的观念，孩子学习不好，并不表示以后没有出路。

◎ 做个平凡人，并没有那么简单

我们不愿意孩子过平凡的一生，说得好像过平凡日子很简单似的。

我们告诫孩子好好学习才有好前途，才能生活好，好像做社会精英需要努力，做个平凡人就不需要努力似的。

做个平凡人，并没有那么简单好吗？

有句话说："平凡并不等于平庸。很多人对平凡不屑，整天就想着成功，成功教育，成功宣传，铺天盖地，仿佛人生只有成功才有意义。"

虽然大多数孩子都被寄予厚望，但他们中的很多人长大后，都做了普通的工作。

不同的是，有人能在平凡的岗位上兢兢业业，做出不平凡的成绩；有人自视极高，看不上眼下的工作，满腹牢骚，频繁跳槽。

自视高的人，很多从小被寄予厚望的，他们被教育，要做一个不甘平凡的人，却无视自己的能力，心里装满了好高骛远的理想，早已失去了从平凡中获取幸福感的能力。

而另一类人，在平凡的岗位上从事着平凡的工作，他们或许没有出类拔萃的才干，没有宏伟远大的抱负，没有惊天动地的事迹，没有骄人突出的业绩，但他们每天都在默默地履行着自己的职责，重复着简单而又琐碎的工作。

他们忠诚、坚韧、有责任心、好学、有激情，并能坚持不懈，能做到这些的人，他本身就是不平凡的。

这样的人，怎么在自己父母的眼里，就是"不怎么样"呢？父母们为什么对自家孩子的优点视而不见，整天念叨的都是"别人家的孩子"呢？

哈佛大学心理发展学家加德纳把人的智能分为语言智能、逻辑—数理智能、空间智能、运动智能、音乐智能、人际交往智能、内省智能、自然观察智能八种。

依据不同的标准，每个孩子都是某一方面的天才。

看起来平凡的孩子，能平安喜乐地生活，未必发光，却能掌握自己的人生，他一样是值得父母骄傲的天才啊。

前段时间一位妈妈的文章《我的学渣儿子，妈妈相信，你是来报恩的》火了，她说："我的孩子，虽然数学不好，奥数几乎完全听不懂，可是他喜欢研究厨艺，翻看过我买的所有做饭的书，现在才10岁，已经能做好几种像样的饭菜。

"我的孩子，虽然英语不行，语法总是忘记单词也总是拼错，可是他心地善良，他进楼栋门的时候，看到身后有人，总会用小手撑着门，等着后面的人一起进来。

"我的孩子，虽然语文很糟，作文写得枯燥乏味，可是他孝顺父母，懂得父母的辛苦。

"他一点都不优秀，几乎每次考试都甩尾巴。可是，他却能安于做好自己，自爱且爱他人，自尊且尊重他人，以一颗包容开朗的心，去对待他周围的人们，这难道不是比学习成绩更宝贵的财富吗？"

这位妈妈真的了不起，她看到了一个平凡的孩子身上不平凡的特质。

心理学家罗杰斯有句名言："爱是深深的理解和接受。"

我们不要埋怨孩子不优秀，孩子反映了父母的真正水平，他们就像我们的一面镜子，照出我们身上所有的闪光点和缺陷。

唯有对孩子的理解和接受，能突破我们的认知不够、能力不足，来滋养孩子，给孩子能量和安全感，让 TA 有足够的自由能变得更好。

土耳其有句谚语："上帝为每只笨鸟都准备了一根矮树枝。"

父母能理解孩子，支持孩子，孩子才能对自己有清晰、客观的认识，成为自己人生的主角。

我们要做的，只是帮助他们找到那根适合的树枝。

04

愤怒的方向，
不只朝向别人，也朝向自己

想要情绪稳定，必须得去除的几种非理性信念

非理性信念最大的问题在于我们根本无法意识到自己受了它的控制。

◎ 非黑即白，僵化、绝对化的思维

这是一种极端地看待事物的方式，有这样信念的人，他们看事物只有两种状态：要么是好的，要么就是坏的。不存在中间状态，这和孩子的眼光没有什么区别。

可是成年人的世界，并没有绝对的好事和坏事。

话虽这样说，但其实在我们很多人心里，是有绝对的“好”和“坏”的，比如，有钱一定是好的，考试分数高一定是好的，情商高受欢迎一定是好的。

人一旦有了绝对化的信念，就容易出现情绪问题。

路斯·哈里斯博士在《幸福的陷阱》里写道：“给我们带来不幸的，恰恰是我们对幸福的过度追求。”有人在脑海里有个信念“我这样的人，是绝对不会离婚的”“我这样的人，是绝对不应该不幸的”。这样的过度追求，导致人的绝对化信念——“离了婚的人一定不幸福”。

同类型的非黑即白的绝对化信念还有：“必须考上大学，不然没有前途”“30岁之前必须结婚”……有了这些信念，带给人的是种种情绪问题：他们常常焦虑，害怕自己完成不了目标，如果真的完成不了，整个人就会一

蹶不振，无法摆脱自我否定，内心有强烈的自我谴责，觉得自己一无是处，甚至患上抑郁症。

抱有绝对化信念的人，即使达成了目标，也难以快乐，因为对应“必须……不然……”的，是“如果……就……”像我们听到过的很多话：“如果考上大学，就出人头地了”“如果结了婚生了孩子，人生就圆满了”等。

观念里，达到目标是一个魔咒，只要达到，就可以得到想要的，眼前的问题就可以全部自动消失了。但是现实是对不起，目标就仅仅只是目标，是上一阶段的终点，也是下一阶段的起点，如果在过程中，你有遗留问题，不仅没有自动消失，而且还可能像滚雪球一样越滚越大，还得自己去解决掉——这怎么让抱有“如果……就……”信念的人高兴得起来呢？

抱有绝对化信念的人，强迫自己遵守内心的信条，即使达成了目标，也常常有失落感，因为得到的远没有想象中“绝对的好”。

◎ 对别人有不合理的期待

人都是站在自己的角度来看问题的，对别人的要求也往往从自己的意愿出发，对别人有不合理的期待，在对方做不到，而使自己失望的时候，陷入情绪困扰。

最典型的，像家长对孩子“都是为你好”，帮孩子做主，为孩子安排学习，规划未来。一旦孩子达不到家长期待的分数，就焦虑着急，如果孩子叛逆，就哀怨“你不懂爸妈的苦心”。

有人对伴侣抱有不合理期待，常常说出“既然你爱我，你就应该……”的话，希望对方满足自己的需求，对方做不到时，他们会发脾气、抱怨。

还有一种对别人不合理的期待，就是看不惯别人和自己不同的行为，有人勤奋，就不允许身边人有懒惰行为，有人思想保守，就看不惯有开放思想的人，他们希望其他人都和自己一样，能符合自己要求的行为标准。

人一旦对他人有不合理的期待，就容易把结果交付到对方手上，对方达不到自己的期望时，难免失望，产生愤懑、抱怨等情绪，指责就会产生，影响到彼此的关系。

而对别人的要求和不合理的期望，其实是一种索取，是把自己的意志强加到别人的身上，是对自身有很多不满意，想通过亲近的人（孩子或者伴侣）实现，或者通过贬低别人得到自身价值感。

◎ 以偏概全

有人一次失败，就气馁了："我永远不会成功。"别人偶尔迟到，他也会说："你总是不守时！"有人谈起自己的工作，十分不满意，甚至说无法忍受。

这些说法和抱怨，当然是以偏概全，刨去了事情积极的一面，不然，永远不成功的事情为什么还要继续做呢？对一个浑身缺点的人，应该远离，何必一边接触一边抱怨呢？对工作无法忍受，为什么不辞职呢？说明这件事情、这个人，还是有可取的一面的。

包括我们现在常常说到的"人设"，用几个简单的标签来概括一个人的特征、品行，这个人做出了一点和"人设"不相符的事情，就被谈论"人设崩了"。其实，人性是如此复杂，哪里能用几个词来概括？

◎ 转变观念，这世界上并没有什么绝对的坏事

哈佛心理学家文森·法维拉说："我们携带着诸多被植入的信念，并使

用它们来描绘这个世界。这些习以为常的想法甚至未经过审视，只是被我们简单地拾了起来，然后内化进了心里，而当我们可以意识到这些信念，并进行检验时，那些失实的部分往往会得以驱除。”

认识到思维模式的问题，看到那些非理性信念的问题，我们可以看到事物的另一面，想办法用“足够好”的方法解决问题，而不是“绝对好”的方法。

有时候事情看起来很糟糕，但如果换一种思维方式，可能会呈现出另一种面目。人的很多情绪化行为，是因为对事物没有一个正确的认识，对自己、对别人缺乏了解造成的，如果我们能从多个角度、多个观点来观察、看待问题，会豁然开朗，就不会掉入情绪的陷阱里。

我们的生活中有很多不如意，都是因为自己的信念造成的。一件事情让我们生气、绝望，而其实，事件本身就只是事件，真正引发我们情绪和反应的，是我们对事件的解读，是我们内心对事物的认知，还有处理事情的信念。

同样一件事情，有人愤怒、内疚、委屈，而有人却感觉轻松、愉悦，因为他们面对事情时的心态不一样，如果我们消极地理解，任何好事都能成为坏事，如果我们积极地理解，“塞翁失马，焉知非福”，任何坏事都有可取的一面。

当我们意识到信念的非理性，及时转变它，用正面的解读代替过去的思维，我们的人生一定会有更多、更好的选择。

愤怒，只是手段

这世界上谁都知道不要随便发火，要控制脾气，但你有没有想过，有时候发脾气、大声嚷嚷只是一种手段。

◎ 愤怒是一种信号

哈丽特·勒纳博士在她的经典著作《愤怒之舞》中，一开篇就提出："愤怒是一种信号，应当引起注意。愤怒是在传达某种信息：我们受到了伤害，我们的权利遭到了侵害，我们的需求没有得到充分的满足，或是某些事情出现了偏差。"

愤怒暗示着我们没有处理好生活中重要的情感问题，又或是我们自身做出了过多的让步，如在信仰、价值观、渴望与理想上。愤怒预示着我们的作为与付出超出了自身所能承受的程度。

愤怒也可能是在警示我们：他人为我们做了太多，从而影响了我们自身的进步与成长。肉体上的疼痛告诉我们，烫手的火炉不能摸，而愤怒带来的痛苦则使我们保持了自身的完整。愤怒促使我们对他人的摆布说"不"，对自己内在的需求说"是"。

◎ 愤怒只是表象

生活中，我们一定遇到过看起来就不好惹的人，他们好像随时准备和人干一架，周围的人也对他们敬而远之。但实际上，和他们真的接近之后，你会发现，他们并没有那么不好相处，脾气不好只是假象，甚至是“虚张声势”。

就像我的朋友世强，是个创业公司老板，在公司经常一副臭脸，非常不好相处，他和我们坦言：对公司来说，存活下来才是关键，对于他们这样的小公司，员工没几个，所谓制度可能因为人情而流于形式，作为老板必须有距离感，才好守住规章制度。如果和同事一团和气，惩罚业绩不达标的员工时，他可能拉不下脸，员工也会有怨气，因为他们毕竟没有功劳也有苦劳，会埋怨老板不近人情。但如果他一直是个唱黑脸的，和他们毫无人情可言，按规定办事，相反，员工就没话可说了。

听他这样一说，想想还真是，凶巴巴恶狠狠的样子，有时候真的只是“角色需要”，表现愤怒，只是手段。

有时候，表现出愤怒，也是一种“保护色”，就像林阿姨，是远近闻名的“泼妇”，据说在家是一言不合就打老公的厉害人。

但是林阿姨的邻居却说：“打得好，吃喝嫖赌的男人就该被收拾。”林阿姨的老公恶习很多，曾经还家暴林阿姨。在他们那个年代，离婚对女性来说是奇耻大辱，林阿姨在忍受很久之后，爆发了，用“以暴制暴”来表达反抗，保护自己。当她比丈夫更凶的时候，丈夫反而收敛了很多。

林阿姨的暴脾气，更像是一种骨气和表达自尊的表现，她用愤怒回应羞辱和不公正的对待，反抗受到的压迫。

所以，愤怒很多时候是一种手段，是一种信号，是人们避免事态更严重的一种策略。

有人发脾气是想说：不要糊弄我，我不是好惹的。有人愤怒，是因为受到了伤害，是在表达和控诉。有人的愤怒，怀着报复的欲望，言语里含着攻击性，是想让对方意识到自己的错误。

◎ 愤怒，看起来可能比心平气和的交谈管用

这方面，很多父母很有心得，好声好气地和孩子说，别碰那儿，不要这样，孩子一般都当作耳边风，甚至更是激起了他的好奇心，还非碰不行。

但是，如果父母声音大点，甚至听起来发怒了，孩子立马老实地收手了。

因此，很多父母总结出来：不大声不行，对付熊孩子，还得用有威慑力的语气（长期是不是有效后面再谈）。

有威慑力的语气，同样适用于谈判中。一项研究表明，愤怒可以作为谈判的策略，相比于那些温和的人，谈判双方对愤怒的人有很少的要求，并做了很大程度的妥协。

关于愤怒的作用，英国东格林斯特德的愤怒管理协会主管迈克·费希尔（Mike Fisher）说："历史上有很多大人物，譬如说南非领袖曼德拉、非裔美国人权利提倡者马尔科姆，他们都运用愤怒的力量改变了国家的命运。他们没有使愤怒成为一种伤害，相反，他们巧妙地改变了愤怒的航向，把它引向治愈。"

◎ 愤怒既然有用，为什么还需要控制

既然说愤怒是有用的，在表达上是有力且有效的，那为什么我们还需要控制愤怒呢？

因为愤怒的情绪如果过了火，会让人失去理智，不仅失去了手段的作用，

还把事情弄得一团糟。

人不可能一直用情绪失控的方法去赢得想要的东西。愤怒的手段，短时间内可能有效，别人可能为了你不发怒而退让，但长期来看，周围的人会有抱怨，并疏离你，人际关系出现问题，愤怒就会失效了。

就像前面提到的呵斥熊孩子，长期来看，孩子会抵触，无法达到教育的效果，更是影响亲子关系。

亚里士多德说："每个人都会愤怒，这很容易，但在适当的时候，为了适当的目的，以适当的方式和程度，对适当的人愤怒却不是每个人都能做得到的，也绝非易事。"

要表达"适当的愤怒"，最关键的是防止冲动，人在冲动的时候，往往不计后果，不管行为会带来什么后果，这样的愤怒就是"不适当"的。愤怒有时候是一种自然反应，但并不是人不可以控制的。

切记：表达愤怒只是解决问题的第一步，而不是为了发泄情绪。

防止冲动，当一件事在激发了自己强烈情绪的时候，提醒自己：过三秒钟再说话。俄国文学家屠格涅夫，曾劝告那些易于爆发激情的人，"最好在发言之前把舌头在嘴里转上几圈"，他的意思也就是劝人不要冲动，在脾气爆发之前，冷静一小会儿，虽然只是短暂的时间，却能让大多数人恢复理智，避免冲动行为的发生。

为避免冲动，也可以在有情绪的当头，马上换一个环境，比如迅速离开现场，去跑跑步，或者有意识地转移自己的注意力。

冲动的时候容易口不择言，防止冲动要在心里有个意识提醒自己：就事论事，我们发出的言论只针对行为，不针对个人。

愤怒固然有它的用处，但是人表达情绪，是为了解决问题，如果我们能摆明自己的立场，又不带情绪就更好了。

情绪的积压，要么爆发，要么抑郁

◎ 情绪积压的爆发

阿峥是出名的“好好先生”，同事有任何问题都找他帮忙，因为家住得离单位近，需要加班的紧急工作也基本都是他处理的。他心里也有怨言，不愿意周末总是被工作打扰生活，但是一看到领导和同事为难的脸，也就承担下来了。

可是前几天，阿峥却借着酒劲儿在酒桌上破口大骂，让人大跌眼镜。那天同事聚餐时，突然老板打来了电话，问阿峥能不能来办公室加班，挂了电话，阿峥突然觉得不对劲：整张桌子的同事，只有他接到了电话，他崩溃了，质问“就我一个人好欺负吗”，顺带着把心里的积怨都说了出来，把同事和领导骂了个遍。

第二天，阿峥特别后悔，他说自己当时情绪太激动，主要还是因为长期的情绪积压，一直以来自己对“做好人”非常厌恶，又不敢表达，直到昨天爆发，行为过激。

相信很多人和阿峥一样，很少直接表达厌恶，往往压抑自己的情绪。专家认为，这和人天生的气质类型有一定的关系，还有后天环境的影响，长期的表达得不到回应，或者被嘲讽，也会让一个人变得压抑自己，但内心的情感并不会真的消失，它会“伺机出动”。

就像阿峥，他之所以被一个电话激怒，主要是因为一直以来，加班的电话给他的生活造成了困扰，他内心很抗拒接老板的电话。厌恶引发了他的心理防御，可是老板的电话终究是躲不过的，他选择了忍，直到忍不住。

有一个比喻说人是情绪的容器，在日复一日的生活中，人会接收到很多情绪垃圾，这些情绪垃圾堆积在容器里，长期不清理，身体就会发出信号“我受不了了”！

《愤怒之舞》中有一个名词，叫“淑女综合征”，是说在面对可能引起愤怒或冲突的情况下，淑女会保持沉默——变得泪流满面、自我批判，或黯然神伤。她们感到愤怒，但为了避免公开冲突，把愤怒留给自己。

然而，她们留给自己的，不仅仅是愤怒，有时候，她们会避免明确表达自己的想法与感受，因为担心这种直白会令他人感到不自在，会暴露彼此之间的差异。

当她们这样做的时候，她们的主要精力在于保护他人，以放弃明确表达自我为代价，维系着彼此关系的和谐。久而久之，她们迷失了自我，因为她们把太多精力用于“解读”他人的行为，以确保不会打破现状，她们变得越来越不熟悉自己的想法、感觉与需求。

她们越是这样“淑女”，她们所积累的无意识的愤怒与暴躁就越多。

◎ 情绪积压导致的抑郁

另外一种情绪积压导致的问题，是抑郁。

因为压抑情绪，并不可能做到只是压抑了某一种负面情绪，当一个人压抑自己的情感和行为时，他整个人都会进入一种不太舒展畅快的状态，时间久了，这种状态会变成常态。

抑郁症是生物、心理、社会（文化）因素相互作用的结果。也就是说，排除遗传和身体的问题，一个人如果长期处于不愉快的情绪中，是可能产生抑郁症的。

那些压抑的情绪，有的是不敢表达的不满，还有的是自我反省。

习惯性压抑情绪的人，往往把别人的错误揽到自己身上，认为是自己做得不好，才会引发那些不快，或者可能爆发的冲突，他们经常自我控制、自我反省，不要表现出不满，却终日生活在自我否定里，有很多的愧疚感。

心理学家霍金斯在关于各类情感能量等级的分析中，把羞愧排在最末位，其次是内疚，他认为愧疚和内疚是人对自己伤害最大的不良情绪，负面分数超过悲伤、愤怒和恐惧。

愧疚感让人退缩，明明是别人的错误，我们却揽到自己身上，反省自己做得不够好，别人才会如此对待我们，觉得自己没有价值，甚至令人厌恶，愧疚感就像沉重的枷锁，折磨着我们，需要耗费大量的心力来让自己恢复平静。如果无法恢复心情，人就陷入长期的低迷状态。

◎ 主动关注情绪、表达诉求，不能寄希望于别人

压抑情绪，有时候是希望“我做的忍让，但愿你能懂”，他们面对别人过分的行为时，不表达不满，以为对方会适可而止，而且能理解自己的退让。

这是典型的站在自己的角度来看问题，我们没有表达出来，对方是感受不到我们内心的，他们认为自己的行为有正当性或者我们能接受，才会有那样的要求和行为。

我们把“理解自己、表达自我”这样的事，推到了对方的身上，当成了别人的事。

而我们之所以感到压抑，是因为我们被迫、无奈地接受了别人的要求，并不是自主的选择。人内在需要自由、自主选择，与把“理解自己”这样的事情交给别人，是矛盾的，造成了我们内心的冲突。

只有拿回主动权，主动关注自己的情绪，对不合理的要求勇敢拒绝，敢于面对自己和别人的差异，才是解决这种冲突的办法。

◎ 如何释放情绪

社会心理学家罗伊·鲍梅斯特研究发现，当一个人努力压制自己的情绪时（不论是消极情绪还是积极情绪），他所能记住的信息往往很少。因为压制情绪需要耗费很多精力和注意力，导致人没有足够的精力去关注其他信息。

那么，减少内耗，情绪的释放就很重要了。释放情绪，最好的办法是顺其自然，不用理智地去劝慰自己放下情绪，不强求结果，而是在感情上实际去体验。这个方法最开始是由日本的森田正马教授创立的，就叫作“森田疗法”，适用于治疗多种身心疾病。

森田疗法要求人顺其自然，顺应规律。情绪其实也有从发生到消退的规律，如果人刻意控制，或者对抗情绪，则会违背规律，使情况更严重。

我们可以把事物分为两类：可控制的和不可控制的。通过自己的能力改变那些可控制的事物，不去控制那些不可控制之事。

对于所有烦恼和情绪，我们都接受它，不当作洪水猛兽去拼命排除，顺应人在接受那些负面事件时所有的症状，痛苦、煎熬，甚至是麻木的感觉，反而能够把自己从被束缚的机制中解脱出来，达到“消除或者避免神经质性格的消极面的影响，而充分发挥其正面的‘生的欲望’的积极作用”的目的。

所谓“生的欲望”，是指人在真正接纳负面情绪之后，并不会真的束手无策，而是会想办法去做一些事情来改变。

森田疗法所说的顺其自然，并不是逃避问题和对问题视而不见，或者放任自流，而是说，在接受了情绪之后，采取行为，做应该做的事情。

不期望马上就把所有的负面情绪去除，也不再积压情绪，只是慢慢地调整生活。即使还是会在生活和工作中遇到各种烦恼，也带着这些烦恼和情绪生活，专注于你想解决的问题，减少指向自己身心的精力和注意力。

把自己从压抑愤怒，或者抑郁的心境中解脱出来。

自卑的人，更容易发怒

每个人都会生气，但有的人生气的频率更高，我们说他们“易怒”。

王浩就是一个“易怒体质”的人，特别爱和人理论。在办公室，他常常为了一个观点和同事争得耳红脖子粗，学术争论很正常，而且很多问题也没有准确的答案，但很少人像他一样必须和人争个高下，不然就不罢休。如果当天的辩论他“发挥”得不太好，第二天他上班的第一件事就是找昨天争论过的同事，阐述自己的新论据，态度也是特别蛮横，好像他一夜没睡，就为了能胜过同事一样。

而其实，王浩学术上很一般，至今没有在核心期刊上发表过几篇有质量的文章，他的学历，也是办公室里最低的。

这样联系起来看，王浩易怒就可以理解了，因为他内心自卑，怕被人说学历低、学术不如人，他用争论和愤怒来证明自己，而这只是他的“保护色”，包裹着一颗自卑的心。

◎ 自卑、脆弱者内心的冲突

自卑的人比别人更易怒，因为他们大多敏感而脆弱，对别人的看法和话语特别在意，他们的软肋特别多，别人不经意的话语和行为，都有可能刺激到他们。

享誉世界的情绪训练导师琳达·科汗在《制怒》里写道，“脆弱带着内在的威胁”。这种威胁是来自内心的冲突，是害怕压抑的自我被揭露，脆弱的人缺乏应对改变或者意外的能力，当他们试图对抗或者压抑内心想法时，暴怒就产生了。

他们内心其实对自己有许多不满，而且极力克制，不显露出那些不完美的方面。

自卑是他们内心隐藏的“炸弹”，很有可能因为一点点事情被引爆，其实是因为那些事情戳痛了他们的内心，让他们难以自持。

这是一种投射。投射指的是个体依据其需要、情绪的主观指向，将自己的特征转移到他人身上的现象。

一个自卑、对自己不满的人，会觉得全世界都看不起他，别人说什么都是在贬低他。他好像时刻处于压力状态下（尽管这个压力是他自己给的），他的情绪当然比起别人来说，更不稳定，更容易发怒。

阿诺德·拉扎勒斯和艾伦·费伊说：“自信是表明立场，抵制不合理的要求，或者要求得到你想要的，而攻击性行为，则牵涉责备他人，自信行为是正面的，而攻击性行为是负面的。”

这同样解释了为什么谦虚忍让的人，恰恰是那些更为自信、内心笃定的人。

很多时候，别人并没有故意刺激我们，我们的愤怒情绪在很大程度上是自己造成的。

◎ 影响自信的几个因素

美国当代著名心理学家班杜拉，曾经提出“自我效能感”的理论。指人们对自身能否利用所拥有的技能去完成某项工作行为的自信程度。

按照他的观点，影响个体自我效能感高低的因素主要有5个：

第一，个人自身行为的成败经验。这个效能信息源对自我效能感的影响最大。一般来说，成功经验会提高效能期望，反复的失败会降低效能期望。

第二，替代经验。人的许多效能期望是源于观察他人的替代经验。这里的一个关键是观察者与榜样的一致性，即榜样的情况与观察者非常相似。

第三，言语劝说。比如鼓励、支持的话语。

第四，情绪唤醒。当人们处于一种被激发的情绪状态下，可能是愤怒、兴奋、喜悦等，更容易采取实际行动。如果人在较低的唤醒水平状态下，如悲伤、平静、满足等，可能就不会有太多行为产生。

第五，情境条件。有安全感的环境，更利于行为产生。

但事情并不这么简单，成功经验对效能期望的影响还要受个体归因方式的左右，如果归因于外部机遇等不可控的因素就不会增强效能感，把失败归因于自我能力等内部的可控的因素就不一定会降低效能感。

因此，归因方式直接影响自我效能感的形成。

通过这些因素分析，我们可以看出，要去除错误认知，建立起自信，除了让自己更优秀，还要接纳自己，对失败正确归因，积极预期。

◎ 控制脾气，从克服自卑开始

那么，怎样改变现状，变得自信起来，不害怕显露自我的弱势呢？

1. 化未知为已知

缺乏自信往往源自一种对未知的恐惧，所以将未知转化为已知，可以很好地改变现状。具体来说，就是要行动起来，并在行动之前做一点功课，注意方式方法。

没有成就感，往往来自没有成就，没有可以自豪的东西。那就去做啊，做点让自己有成就感的事情啊，切莫想得多而做得少。

做得越多错得越多？不能只埋头拉车，不抬头看路，万事讲究方式方法。

想一想行动之后，如果失败了，最坏的结果是什么呢？自己可以承受吗？如果可以承受，那就去做。

不要给自己设定太宏大太遥远的目标，一步一步来，行动的拦路虎往往是目标太大，完成不了。从小事做起，先完成一个小目标。

害怕什么，就去做什么。挑战自我，并取得成功，能激起强烈的自我认同感。

2. 将自己的注意力集中在解决问题上，而不是避免错误上

这是一个思维导向的问题。

举个例子，开车的时候，你只需要记住刹车在左、油门在右，而不是担心：我可不要再把油门当成刹车踩了。

因为你也看出来了，如果你心里总是有后者的担心，那么这种担心干扰了你的行为，下次就有可能再犯这样的错误。

3. 要自信，就要去除绝对化的信念和要求

请在心里划掉“必须”“应该”这样的词。人并不是“必须”要取得成功，人也不“应该”更不可能让每个人都喜欢。

不自信的人，往往认为自己浑身都是缺点。而优点和缺点是一个片面的

说法，只在事情上存在，在人身上并不存在。

我常常听来访者说“我太内向，所以想寻求改变的办法”。内向和外向一样，只是一种性格，为什么要改变？而且内向性格的人更善于自省，更理智，为什么要改变？工作生活中遇到的问题，并不都是性格造成的，更多是解决问题的方式不对。

4. 客观认识自己

不自信的人，看不见自己在别人面前的样子，却多对自己表现出来的样子不满意。

而让自己“看起来”更自信，其实对于树立自信心非常重要。

对于没有把握的话题，自己反复对着镜子练习，是个不错的办法。一方面你可以看到自己的表现，纠正不满意的地方；另一方面，也可以了解到和别人说话时，自己给别人的感觉。

5. 了解他人，客观认识世界

很多焦虑来自“别人家的 ××”。似乎别人家的孩子、别人家的爱人，都比自己家的好。

其实，同一层次的人，面对的难题和压力区别并不大，别人也比你强不了多少。区别就在于，他更能管理情绪，更专注于解决问题，或者，他没有什么“更能”，仅仅只是物理距离产生美，让你认为他更好、更强。

每个人都是一个个体，并没有什么可比性，而且很多时候，别人对你的评价，是片面甚至错误的。

那我们就要客观地看待别人的评价，全面地认识这个世界。

6. 舒适得体的穿着

得体的服饰能让人更自信。

很多人会因为同事一句“你今天的衣服真好看”，而心情好一整天，面对他人以及工作的时候也会更自信。

得体的服饰，能让人看起来更专业，更容易建立起他人对自己的信任，也会让自己更有信心。

7. 多运动，多晒太阳

平时多散步，做一点运动，多晒太阳，有利于驱除烦闷情绪，少了阴郁心情，做事情会更有信心。

心理强大，不是憋着恨生活

◎ 带着愤怒的“爱”让人窒息

舒雅的丈夫犯了很多男人都会犯的错误，舒雅坚决地和他离婚了，自己一个人带着孩子过。

舒雅是个坚强的女人，一个人开一家服装店，一个人坐长途车去挑选货样，早出晚归地看店。一年365天无休，大年初一也不关门歇业，连生病打吊瓶都是拿到店里去挂。

她每天给自己打鸡血，坚强地活着，却常常暴脾气。她很爱女儿，觉得女儿是她在这世界上唯一的指望，可她总是忍不住对女儿发火，因为一点小事而恶语相加。

她每次发火之后很后悔，对女儿说，我并不愿意对你发火，可是我们一定要过得比以前好，你知道吗？一定要做给你爸爸看看，没有他，我们也能过得很好！然后，再顺带数落一遍前夫的不是，痛述自己今天这样的境地，这样坏的脾气都是他造成的。

舒雅来咨询，其实还不是为了自己，是因为女儿让她好担心。她不知道是不是自己的原因，让女儿的性格越来越偏执。

她的女儿，和她一样骄傲而倔强。上初二，成绩非常优秀，但没有一个朋友，因为性格孤僻，争强好胜，一道题解不出来她可以凌晨2点都不睡，和同学一旦发生争议，最后败下场的绝对不是她。

女儿有时候会说自己很孤独，但她对妈妈说没关系，我内心足够强大，即使没有朋友，我也可以生活得很丰富。

女儿理解妈妈的辛苦，所以尽量做到乖巧听话，让妈妈开心。

只是最近发生了一些事情，让她开始怀疑自己，到底是内心强大，还是对自己缺乏自知。

上学期期末考试，女儿成绩不太理想。这学期更加拼命地学习，每天学习到很晚，第二天上课精神很不好，学习效率很低。她非常着急，一着急晚上开始失眠，导致第二天学习效率就更低了，周而复始，她进入一个恶性循环。

舒雅强迫女儿每天晚上按时上床休息，可是半夜里醒来，她却发现女儿不敢让妈妈知道，自己悄悄躲在被子里用手电筒看书。

舒雅非常担心女儿，这样紧张的精神状态，不知道该怎样改变。

◎ 焦虑的根源是对自己要求过高

女儿焦虑的根源是对自己的要求过高，追求完美，不接受成绩不好的自己，和舒雅的状态、养育方式有很大关系。

舒雅的问题在于，她一直要求自己心理强大，可是她憋着一口气活着，导致用力过猛。

她没有和过去的关系告别，不能和自己和解，急于摆脱过去的自己，以为走向另一个反方向才是正道，却不知道，在路上迷失了自己才最可怕。

她始终没有为自己而活，她在追求一个目标，这个目标只是为了证明：我可以，我很强大。

一直在证明自己，却丢了自己。

她这样“强大”的表象也影响了女儿，女儿不接受失败，不允许自己有做不到的事情。女儿和她一样，在心里默默地和自己较劲：我不能懈怠，我要证明自己可以！

越是自我价值感低的人，越是容易陷入“我要让他看到，没有他，我过得更好”这样的怪圈里。生活是自己过的，他既然离开，你的生活就与他无关。没有他，你一样尽力把自己的生活过好，是心理强大，但你尽力把自己的生活过成你觉得他会认为好的样子，就是导向错误。

不要这样，放下一些执念，活得轻松一点。过得好不好不是给别人看的，也无须向他人证明什么。生活的鸡血应该来自你对美好的追求和爱，而不是“你看，我可以”。

◎ 选择宽恕的人，并不傻

“二战”期间，一支部队在森林中与敌军发生激战，最后两名士兵与部队失去了联系。

这两名士兵之所以在激战中还能互相照顾，彼此不分，是因为他们来自同一个小镇。

他们在森林中艰难跋涉，互相鼓励和安慰。十多天过去了，他们仍未与部队联系上。

幸运的是，他们打死了一头鹿，依靠鹿肉，又能度过几日了。

一天，他们在森林中遇到了敌人，经过一番激战，两人巧妙地避开了敌人。

就在他们自以为安全的时候，只听一声枪响，走在前面的年轻士兵中了一枪，幸运的是仅仅肩膀受了伤。

后面的战友惶恐地跑过来，害怕得语无伦次，抱着伙伴痛哭不止。

晚上，未受伤的士兵一直念叨着母亲，两眼直直的。

他们都以为自己的生命即将结束，身边的鹿肉也没有动。

谁也不知道，他们那晚经历了怎样的心路历程。

第二天，部队找到了他们。

事隔30年，那位受伤的士兵说："我知道是谁开的那一枪，就是我的战友，他去年去世了。在他抱住我的时候，我碰到他发热的枪管，但是当晚我原谅了他，我知道他是想独自占有鹿肉活下来，我也知道他活下来是为了他的母亲。"

此后30年，他装着根本不知道这件事，也从不提及。战争太残酷了，战友的母亲还是没有等到他回家。

战争结束后，他和战友一起祭奠了老人家。战友在母亲的遗像前跪下来，请求他的原谅。他没有让战友说下去，他们又做了二十几年的朋友，他没有理由不原谅他。

伤害的确是别人造成的，但是这个伤害对我们内心的影响有多大，其实取决于我们自己。

我们记恨，我们想要伺机报复，这个伤害就一直存在于我们心里，即使事情已经过去很久，但我们记忆犹新、反复回味，于是意识聚焦于痛苦和怨恨，心里充满了愁苦。

每当我们想起一次，就像钉子一样扎疼自己一次，别人一次的伤害，却因为内心的记恨，惩罚了自己一辈子！

但如果我们放下，不把这伤害当回事，那么别人对我们的中伤，怎么会让我们痛苦呢？

真正伤害我们的，往往不是事情本身，而是我们对事情的看法。

不管这伤害是别人有心还是无意，不管我们是选择原谅还是遗忘，都不要让芥蒂留在心里，那是不放过自己，是对自己的惩罚。

《圣经》中说："别人打你的左脸，那么你伸出右脸也让他打。"

此话含义深刻，意思是要以善制恶，而不是以恶制恶。如果都以恶制恶，那么世上必充满了恶。

"左脸右脸说"不但是说以善对待别人的恶，也是指自我的修行。即自己内心的善，是否能制住内心要迸发的报复的恶。

而这样的善良，也能帮助自己走出内心的困境，怨恨、较劲、报复，并不会真的让人心安，只会生出更多的怨与恨，而放下、宽恕，是一种超越，是我不计较，因为我不想再用记恨来增加自己内心的痛苦。

放下别人的错，解脱的是自己的心。

◎ 适当忽视，学会忘记

人这一辈子，难免遇到伤害我们的人和糟糕的事，适当忽视，学会忘记，人会活得轻松一些，在心里和那些过去纠缠不清，反刍情绪，会放大痛苦。

希腊神话里有个英雄叫海格力斯，有一天，他走在坎坷不平的山路上，发现脚边有个袋子似的东西挡道，他就踩了那东西一脚，谁知那东西不但没有被踩破，反而膨胀起来。海格力斯见状，又踢了几脚，结果那东西成倍地扩大。海格力斯恼羞成怒，操起一条碗口粗的木棒砸它，那东西竟然长大到把路都堵死了。

这时候，一位路过的智者对海格力斯说：“朋友，快别动它了，忘了它吧，离开它，远去吧！它叫仇恨袋，你不犯它，它便小如当初；你侵犯它，它就会膨胀起来，挡住你的路，与你敌对到底！”

放不下过去，是内心的煎熬，是一种内耗，只会把人困在过往，困在痛苦的情绪里出不来，没有心思去规划未来，也没有办法开始新的生活。

但人生不能重来，已经发生的事情无法改写，与自己的内心和解，或许是一种能集聚力气面对今后生活的办法。

承受是一种担当，而释怀则是一种心态。承受需要坚强的意志、高度的责任感和宽广的胸怀；释怀却需要淡然的心态和勇于放下的态度。

可是，有人会说，我真的无法原谅别人对我的伤害，我没有办法做到大度，怎么办？

有些痛苦已经刻在了骨子里，没有办法像做手术一样割掉，那带着它生活，也未尝不可。

承认无奈，不和自己内心的痛苦对抗，想办法排解情绪，也算是一种和解吧。

就像马东在谈到原谅时，说：“随着时间的流逝，我们终究会原谅那些伤害过我们的人。”蔡康永却回答：“那不是原谅，那是算了。”

“算了”，能和过去告别当然是最好的，但如果对伤害无法释怀，那么就带着这根刺一起生活。它其实并不会影响到正常的生活，只是要注意自己对身体、对思维的控制，找到理智与情绪的平衡，不要让自己一直陷于怨恨。

如何化解旅行中的争吵

日语里有个词，叫“成田分手”。成田指的是日本成田国际机场，每年很多新婚小夫妻从这里出发蜜月旅行，但在蜜月旅行中，双方出于之前未暴露的缺点、生活习惯或者其他原因，引发不和，于是在抵达机场后直接分手，这一现象便被称为成田分手，成田国际机场也一度成为分手圣地。

而这种现象，并不是日本独有，我们也常常会听到朋友建议：检验两个人是不是真爱，共同旅行一次就知道了。

的确，旅行是个放大镜，两个人24小时不分开地待一周、一个月，无论多么细碎的问题都会被反复放大，让人越看越不顺眼。

旅行是一个让人消耗体力和脑力的活动，而疲劳的时候，身边再有一个“猪队友”，分分钟就能让人崩溃。

旅行中没有意见分歧的确是挺难的，不过我们可以尽量做一个好玩伴，减少旅行中的争吵。

◎ 随遇而安

有一期《奇遇人生》的真人秀综艺节目里，阿雅和窦骁一起去登大洋洲第一高山查亚峰，状况百出，而窦骁的表现堪称完美。

他们一行来到查亚峰当地酒店，兴冲冲地打好包，去坐直升机，准备飞去营地登山。然而，天公不作美，下起了雨，直升机没法飞，他们只好返回酒店。

如果只是耽误一天也就罢了，问题是，雨一连下了四天，终于到第五天雨停了，他们再次打包出发，可是直升机还是不能飞，他们再次返回酒店！

耽误行程！

这可是旅行中很让人崩溃的事情。不出门的人可能感受不到那种焦灼，只有做好了攻略、定好了回程票、玩哪个景点都已经计划到每一天每一个小时的人，才能体会那种，人在酒店，抬头看天，坐立不安的心情。

阿雅已经明显焦虑起来了，她悲观地说“查亚峰 bye bye”，这么远来登山，满怀着期望，可是等了近一周都没法成行，心情非常沮丧。

窦骁呢，教科书式的表现：情绪极其稳定。

他微笑着对阿雅说：“放轻松，不要有太多期待，天不会因为你急它就改变，你实际上没有其他选择，今天不行还有明天。”

阿雅如同每一个在旅途中的我们，情绪低落地问：“人怎么可能没有期待？”

而窦骁用治愈系的金句安慰她，“不要让你的预期变成框住你的限定，你是自由的”“生活中最重要的就是有一个好心情”。

试想一下，如果我们在不那么顺利的旅途中，有这样一个情绪稳定，并且安抚人的旅伴，该是多么幸运的事情。所以朋友们，即使途中出现状况，尽量让自己情绪稳定起来。

我们在出现耽误行程的情况时，是很容易怪罪身边人的，“你为什么做攻略的时候不看天气预报”“都是你的疏忽”，争吵往往就这样发生了。

但是着急、焦虑只会影响心情，破坏双方的感情，不如随遇而安，用平和的心态解决问题。

没办法外出的时候，安排一点室内活动也是不错的。

节目中的窦骁，行程出现状况时，安心和大家一起打德州扑克、看球赛、健身。尽管他接下来的巴厘岛计划要取消，他的心情也丝毫不受影响，身边的朋友也因此得到了安慰。

如果我们是计划型的旅行者，对变化的忍受度非常低，那么，在做行程准备的时候，尽量保留一点弹性，多做些备案，以防下雨、车程问题，影响游玩的心情。

享受过程，先把自己切换到最佳模式，才能和身边人相处愉快。

◎ 迁就他人

旅途中的争吵，很多都和感情无关，只是看一个人在车马劳顿的情况下，还能不能体谅对方，找到宽容和妥协的平衡点。

多照顾身边人，体力较好的人不嫌弃另一个人“拖后腿”，吃嘛嘛香的人迁就另一半吃东西挑剔，做事严谨的人容忍伴侣丢三落四。

美琳和前男友分手，仅仅因为男友和她一起旅行的时候，总是嫌她“太慢”。

她的前男友热爱运动，选的旅游地都是爬山、徒步、浮潜之类的。美琳说太累，前男友总是说没事，也是为了给她加强锻炼，还鼓励她加油。

美琳每次都已经很努力地跟上他的步伐，可还是不够，前男友不停地催“快点”“再快点”“你可以的”。美琳感觉压力山大，旅行在她眼里不是消遣，而是拉练。

旅行真的能暴露一个人和关系中的很多问题，但同时，旅行也是一个很好的磨合机会。

两个人一定是存在不同的，能不能合得来，生活在一起，能玩到一起很重要。有体力的人在旅途中照顾同伴，多分担责任，体力弱的负责拍照，安排食宿，发挥各自优势，取长补短，才能玩得更开心。

同时，想要提高关系的质量，在和另一半旅行的时候，要多分享感受，利于双方调节旅行的节奏。速度是快一点还是慢一点，体力是不是能跟上，要不要留时间休整，都是要考虑的问题，也是两个人交流的内容，是促进互相体谅和理解的过程。

◎ 接受异同

平时相亲相爱的两个人，在旅行中容易吵架，问题的症结，主要在于分歧集中爆发。

在旅行的过程中，我们总是要做许许多多的决策，每天都面对各种选择。这时候，两个人的不同就显现出来了。

最典型的是为“来都来了”引起的争吵。有的景点人很多，要排很长的队，有人就想离开，选择另一个地方去玩，但是伴侣意见不一样，既然乘飞机坐火车这么远来了，还是硬着头皮排队吧。

走还是不走？为了这个问题，两个人也可能互相不妥协。

两人可能吵得不可开交，甚至到分手的地步，事后想想，多大点事啊！能接受就陪着排队，享受过程，煎熬能变成乐趣；不能接受，也做到尊重对方，他排队，你去其他地方玩，约好一起回酒店，一样可以啊。

旅行中，能接受另一个人的不同，理解对方，并且尊重对方的选择，做到不影响双方心情，真的不那么容易。

我们吵架，因为心里有鄙视链：我订的酒店更好，你订的不行；这么多美食你不吃，就惦记着在家都能吃的东西；这景点有什么值得玩，一看你就没见过世面。

而其实，选择哪里有高下之分？

旅途中的尊重和理解，需要比平时更大剂量的爱与自我调节。钱锺书也说：经过长期苦旅行而彼此不讨厌的人，才可结交做朋友；旅行后双方还没有彼此看破，彼此厌恶，还要维持原来的婚约，这种夫妇保证不会离婚。

能愉快地共同旅行的另一半，是值得珍惜的。

05

掌控情绪，
并没有那么难

如何解决“情绪鞭挞”

◎ 李兰的委屈

李兰带妈妈到泰国旅游了一个星期，回来就急着来见我。不用问，看她那唉声叹气的样子，就知道玩得不开心。

不是因为旅游被宰了，而是因为她妈妈。

她妈妈平时总唠叨，自己辛苦了大半辈子，也没见女儿多孝顺，没让自己享到福，你看那谁谁谁家的女儿，给妈妈买礼物还带着出国游，自己就没那个命。

李兰其实心里有点委屈，这些年她也给妈妈买过不少礼物，可是妈妈从来不满意，不是说买贵了就是说不实用，还责怪李兰乱花钱，后来李兰就很少主动给妈妈送礼物了。

但想想又愧疚，毕竟妈妈这些年挺苦的，她5岁的时候，爸爸就去世了，是妈妈一个人把她带大。妈妈一个人打三份工，经常连午饭都不吃，冬天手皴到裂口子，都舍不得买几块钱的药膏。

想到这些，她就心酸，恨不能把自己能回报的都给妈妈。

上周李兰休年假，特意带妈妈出国玩一趟。

她妈妈其实挺开心的，可是，一路上却总在抱怨。吃饭的时候妈妈嫌国外的菜不合胃口，出海的时候说天气太热晒得难受，住着高档酒店，她夜夜失眠，说花这么多钱，床还不如自己家的舒服。

经受了妈妈一周密集的挑剔和各种不满意，李兰差点崩溃了！

她仿佛回到了自己小时候，她和妈妈在昏暗的房间里吃饭，她吃得很小心，连米粒都不敢掉一颗，不然就会遭受妈妈一顿责骂：你糟蹋粮食，你知不知道妈妈多么辛苦才给你挣来这碗饭！

李兰的妈妈就是这样，一辈子不开心，也不允许女儿开心，即使是最开心的时候，她也总能找到不开心的事情，来让自己和周围的人都闷。

但李兰来找我的原因，倒不是妈妈的问题，而是自己的行为越来越像妈妈。

她现在的生活各方面，自己都挺满意的，家境小康，丈夫和自己都工作稳定，再也不会为一碗饭担忧了。

可是，李兰心里像安了一个阀门，当有快乐和幸福的感觉时，这个阀门就会自动打开，释放出一种不安的情绪，担心、甚至是恐惧：这是不是真的？我会不会失去这一切？

她品尝美食的时候，常常突然想起过去那个昏暗的老房子里的破饭桌，觉得自己是不是吃得太奢侈了，人不该太“享受”，顿时食之无味。

她和丈夫出门看场电影，本来开开心心的，可她心里就是太平不了多久，隐隐觉得不安。回家看到沙发上丈夫随意放的衣服又没整理，她唠叨起来开始翻旧账，两个人吵了一架后，她心里好像终于踏实了。

◎ 隐藏起来的痛苦

李兰的情况，其实很多人都有过，只是他们并没有察觉。比如，有的夫妻或者朋友共同经历过穷苦的岁月，终于熬到了好日子，他依然“抠”得超乎想象，也不允许身边人多花钱；有人总遇到渣男，好不容易遇到个真心爱她的人，她各种作，把人作跑了；有人从来没有大声笑过，没有体验过非常开心的感觉，他都不知道什么是“尽兴”。

他们面对眼前得之不易的幸福和快乐，不是更加珍惜，而是下意识地破坏掉，然后回到悲伤、阴郁的情绪里，人终于踏实了：生活就是这样，幸福和快乐都是短暂、抓不住的，我还是踏实地过日子吧，不奢望那些。

他们之所以有那么多担心，不敢尽兴，是因为原生家庭，在他们的脑海里烙了太深的印——生活中有很多的禁忌，不可以浪费，不可以肆意生活，隐忍和辛苦劳作是美德，他们甚至不允许自己表达快乐。他们的思想被无形的紧箍咒束缚，即使长大后，生活变好，能感受到幸福，他们心里却会隐约冒出来担忧和不安，这主要来自“背叛”的情绪。

是的，背叛。

就像李兰，妈妈太苦，如果自己胆敢“享受”和快乐，简直就是对妈妈的一种背叛。

唯有让自己活在悲苦的情绪里，她才觉得自己能体会妈妈的心情，是和妈妈在一起的。

虽然内心很想从这样苦闷的情绪里出来，但潜意识里又有愧疚和不敢——我怎么可以让她一个人受苦，而自己“享受”，这不是背叛是什么？

◎ “情绪鞭挞”

类似这样的心理，是典型的“情绪鞭挞”。

情绪鞭挞（emotional switching）通常指当我们想要某物时，但潜意识却不支持的一种心理矛盾。

心理研究认为，当一个人在潜意识里并不想快乐、健康和成功时，全面性的情绪鞭挞就会发生。

这类人潜意识里，觉得自己的人生是困苦、失败的，那么，当他们内心有“快乐、健康、成功”的想法，或者现实有了这样迹象的时候，他们莫名感到压力，浑身不自在。但当他们回到失败的境况里，内心反而平静。

这其实来自个人想要的，与自己的定位不符，从而引发的内心恐惧。

就像李兰，她内心向往平和、幸福的生活，但是潜意识里认为自己出身贫寒、卑微，美好的生活和快乐离自己很远，自己不配。所以才引发内心的冲突。

◎ 如何走出困境

那么，解决“情绪鞭挞”的办法，就是要让自己内心所想与自身相符。

这一方面来自自信，我值得拥有。

另一方面，来自接纳现实。可能我们的生活就会一直这样下去，不会更快乐和幸福，我们也许不会成功。但这也没什么，我们可以接受，那样穷苦的过去都经历过了，还有什么不能承受的呢？可能我们的生活会变得很好，像过去自己梦想的一样，我们很开心，那是自己努力的结果，生活的馈赠，接住就好。人不该总被一段痛苦的童年经历所操控。

我们能接受现实和变化，才可能接纳自己内心的一些冲突。因为一切都是正常的，是可以被接受的。而心里的那些不安和恐惧，正是因为自己觉得那些想法是不可以被接受的，才成为压力，变成焦虑。

坦然面对生活中一切的变化，好或不好的境况，接受心里的向往或者目标，抑或是想逃离原生家庭桎梏的想法，去掉那些自己设定的“天花板”，我们可以把那些花在恐惧上的能量转化为力量，不压抑，才可能活得淋漓尽致。

这样的说法也许很“鸡汤”，你觉得自己无法做到。那么，我可以提供一个摆脱“情绪鞭挞”的简单办法：观察自己，与自己对话。

还是回到李兰的案例里，我让她思考几个问题：“我对自己评价如何？”“哪些事让我开心？”“最让我沮丧的是什么事情？”“我的财务状况怎样？我满意吗？”“我理想的生活是怎样的？”“我和家人的关系如何？我满意吗？”“想到妈妈，最先想到的是什么？”

通过这些问题的自问自答，李兰观察了自己的情绪和行为，到底是在什么时刻、什么样的事情触发了自己的情绪，才会有后续的行为和结果。而其实，有这样行为的根本原因是什么。

在自我观察的过程中，李兰很不情愿地承认：她的内心一直有着对母亲的叛逆，甚至是恨。一旦遇到和过去类似的情境，或者自己向往却不敢奢望的情境时，她就会不由自主地焦虑。这其实都来自对母亲的顺从与反抗之间的矛盾，过去的生活以及母亲的话语，像一个无形的笼子，罩住了她，她想出去却冲不破。

看到了自己无意识行为背后的原因，本身就是自我治愈的一部分。接下来的挑战，就是重新建立起新的思维和行为模式，以找到理智与情绪的平衡了。

人生一世，所有际遇其实都是与自己的一场斗争，不管斗争背后有怎样的原因，最终，也只有达到自我的和解、心理的平衡，这场斗争才能得以平息。

面对不敢“尽兴”的人生，我们得找到不安和恐惧背后的原因，击碎它，才能体验人生百味，活得率性自由。

如何走出分手的伤痛

失恋是很多来访者咨询的问题，有的人失恋之后感觉失去了一切，做什么事情都提不起兴趣；有的人则很难入睡，要靠酒精的麻痹才能睡着，而且早醒，一醒来，下意识里就想到失去了 TA，又马上被悲伤的情绪笼罩。

更为严重的情况是，有的人，失恋之初不觉得痛苦，过了一段时间，因为一件事情触发了 TA 钻心的痛。我有一位来访者，失恋之后，感觉并没有那么痛苦，可是一个多月之后，在朋友圈突然看到前男友发了和现任女友的合影，一下子就绷不住了，当即痛哭流涕，每天都想他们到底是什么时候在一起的？是不是我还和前男友在一起的时候，他们就已经开始交往了？是不是因为她，前男友才和我分手的？这个来访者开始到处打听前男友现任女友的各种情况，她说她只是想看，自己到底哪里不如对方。

她的生活一下子被各种自我否定和悲伤的情绪占满了，整天脑子里就像有两个人在打架。一个人说：我是不是不够好他才会爱上别人。另一个说：赶紧忘记他吧，这样的男人有什么好留恋的。这种痛苦的感觉，她想逃又逃不了，非常难受。

还有一些来访者，“失恋后遗症”的情况持续时间更长一些。他们几乎很少表现出难受和悲伤（多为男性），他们用更加忙碌的工作来排解心里的情绪，让自己暂时好受一些，不会去想那些烦恼的事情。但是久而久之，他们发现，出现了新的问题：他们失去了激情，没有办法再去非常投入地爱一个人了，自己面对新的女友时，也明白她很好很值得爱，但自己就是没办法有过去那样的热情，没有办法有那种心动的感觉了。

上面的这些状况，无论是各种悲伤还是“爱无能”，其实都是还没有完全走出失恋，是自己对待一段感情没有完成它的整个过程，忽略了失恋的修复过程，没有彻底走出心理阴影所受的折磨。

◎ 分手，其实也是感情的一部分

一段感情，结局可能是完满的，也可能是破碎的。如果这段感情本身是无望的，那么让我们试着坦然接受失败，期待奇迹或者逃避痛苦，都改变不了现实，也解决不了问题。

从初识到热恋再到分手，整个过程都完成，你才经历了一场完整的恋爱。很多人说痛苦就是痛苦，它不该感激，也不该经历，那是因为，自己没有在痛苦中获得成长，总是企图跳出失恋的痛苦，那么这段感情是不完整的。

是自己的逃避，让痛苦仅仅是痛苦，只是一种经历，而没有获得成长。

无论是各种悲伤还是不能再投入新的感情，其实都是还没有完全走出失恋，是自己对待一段感情没有完成它的整个过程，忽略了失恋的修复过程，没有彻底走出心理阴影下的折磨。

我们经历一段感情，不仅要学会相爱相处的方式，更是要学会对待自己的情绪。分手，是教会自己对待伤心、管理情绪的办法。

◎ 接受自己的情绪，不压抑、不刻意要求自己快点忘记

情绪，是流动在我们身体里的能量。你要刻意阻止了它的流动，就失去

了能量。就会感觉做什么事情都没有了兴趣。

我们总说“男儿有泪不轻弹”，好像悲伤是对于特定的一类人，是不被允许的情绪。

但其实，不论是愤怒、悲伤、焦虑还是绝望……每种情绪都有他们的价值，它们让我们的生活更加丰富。不要认为某种情绪是不好的，用消极的方式去压抑、逃避它们，这样会让你进入一种恶性循环。

再举个例子吧。

一位男性，失恋之后为了麻痹自己，逃避情绪，抽烟酗酒，现在吸烟喝酒的恶习给自己的生活造成了很多困扰，而且心情并没有因为这些转移或者麻痹而变好，反而整个人变得更暴躁易怒，周围的人不喜欢他，他自己也没有办法再接触别的人。虽然他也有心仪的女孩子，但因为害怕别人讨厌他，也不知道怎样去接近。

在我接触过的案例中，还有很多类似的，他们强迫自己和负面的情绪分离，让自己体会不到那种悲伤、压抑或者恐惧。他可能看起来好像和之前一样，并没有什么忧伤，因为他已经强迫自己和这种情绪分离了，但是在他以后的生活中，却出现了很多遗留问题。就像前面说的患上了“失恋后遗症”和“爱无能”。

完全地接纳自己，允许自己的脆弱，情绪就能成为一种力量。

情绪是越拒绝越存在的。就像你失眠，你越是想赶紧睡觉，反而越是睡不着。那你不如接受这个状态，放松一点，听舒缓的音乐或者看看书，或许就能睡着了。

也就是说，情绪来的时候，不要排斥它，焦虑就焦虑吧，痛苦就痛苦吧，反正你们这样的坏家伙要长在我的身体里，我不能像切除毒瘤一样切除你们，那就只有带着你们一起生活。

伤心我就哭，难受我也不躲。至于伤心难过，影响到正常生活，那是暂时的，只要你接受了自己的情绪，能和它和平共处，它不可能一直困扰你。

只有直面痛苦，痛苦才不足以伤害你。

而且，你真的允许自己脆弱，才是有力量的表现。

失恋的人可能都听到过这样的劝说：为了这个人伤心，不值得。是这样的吗？不是。伤心、悲伤的情绪是你自己的，尽管是他人带给你的，但你要疏导出去，才能完成一个从恋爱到失恋的全过程。那这个伤心的过程，这个疏导的过程，就是值得的，是不可以省略的。

◎ 不要不甘心

很多人放不下，一直处在悲伤的情绪里，很多时候不是因为对方给了你多大伤害，而是自己牢牢抱着过去不撒手，不甘心。

关于人们害怕失去的心理，有个名词叫“损失厌恶”，指的是人们面对同样数量的收益和损失时，损失更加令他们难以忍受。

这可以用来解释，失恋为什么让人痛苦到难以自持，总是在回忆中反刍悲伤。一段关系结束后，我们常常想起对方的好、当时的甜蜜。一旦想到这样的甜蜜再也不能得到，我们心里就充满了丧失感，无所适从。

很多时候是因为，我们无法面对失去，我们就为爱着魔了，我们想要复合。

请放下这样的执念：

“我对他那么好，他怎么能这样对我？”

“我是哪里不如她？”

“我和他谈了8年，现在我30岁了，大龄剩女还到哪里去找合适的人！”

“他想分手就分手？我最好的青春都给了他，绝不能便宜了他！”

遇到一个不值得的人，不要一味偏执地想过去的付出不值得。

为了一个不值得的人，你感到百般不解，还想深究个中原因，或者搭上自己好好的时光来报复，都是在浪费时间，浪费精力！除了让自己在恶性循环里出不来，起不到任何作用。

有那点工夫，不如洒脱一些往前走。愿每个失恋的人，都有这样的气量，拿得起，放得下，困扰就会少很多。

或者我们做不到如此洒脱，那么换个角度来思考，感情已经过去了，不甘心就能回到过去重来一遍吗？

即使再无情的人，过去的经历没有让你开心的时候，没有让你成长的部分吗？

最强有力的报复，是有尊严地离开他，而且，之后你能过得更好。当你再次遇到他，能有底气说“没有你，我过得很好”。

感情受伤，难过、绝望都没问题，但不要任由情绪泛滥。

真正摧毁一个人的，不是受伤的感情，也不是不幸的家庭，而是自己泛滥的情绪，它让人沉溺其中无法自拔。

◎ 不要对TA还抱有期望

要彻底断了过去。对方似有似无的关心，你偶尔的睹物思人，都不足以让你回头。

分手各有各的原因，但不合适才会分手。

分手之初，因为习惯，很多人会在心里留有很多怀念，以至于频频回头。但如果你因为怀念一丝丝温存，在没有解决根本问题的情况下复合，等待你的是更大的痛苦。

不要相信“分手了我们还做朋友”的鬼话，至少这对于刚分手的恋人不可能。

要走出分离，就要彻底在心里和TA说再见，不要对TA还抱有幻想。提出分手的唯一原因是你已经拿定主意分手，而不是试探TA到底会不会挽留你。

不去分析分手后，TA还发信息问你过得好不好、关心你吃了没有之类的话，是不是表示TA对你还有感情。

更不要到TA的朋友圈里去做阅读理解，试图解读TA发的内容，是不是表现出了对你的丝毫怀念。即便是，又如何呢？你要重蹈覆辙？不是说要一棒子打死，不能绝对地说分手了就一定不能复合，但得分人得看情况不是？不解决导致分手的根本问题，复合后还是会再次分手。

割裂过去，或许是个痛苦的过程。但带着包袱，你会走得很累。

◎ 伤心痛苦，不是因为我们太脆弱

往前走，是不是要彻底割裂过去，忘了前任和那些过去？其实并不是。

那些记忆不该，也不可能被忘记，全部回忆才构成了爱情，无论是好的还是坏的。

世界知名心理创伤治疗大师巴塞尔·范德考克的书《身体从未忘记》，被奉为心理创伤治疗的《圣经》。

他在该书的序言中写道，我们当然都希望走出创伤，然而，负责我们基本生存功能的那部分大脑（深藏于我们的理性大脑之下）并不擅长否认记忆。即使创伤性经历过去了很久，这部分大脑也有可能在一些轻微的危险信号下激活大脑的应激回路，让大脑产生大量的压力荷尔蒙。

这会引发负面情感、强烈的生理感受以及冲动的攻击性行为。这一创伤后应激反应难以理解又势不可当。失控，让创伤的幸存者觉得他们的内心已经彻底损毁，无可救药。

精神创伤会损害大脑感知生理感觉的功能区域，让我们感受不到生命力。

原来，“累觉不爱”真的不是因为我们太脆弱，而是我们的大脑可能在失恋中受到了创伤。

当代治疗创伤的方法从本质上可以概括为三个途径：①自上而下，通过谈话重新与他人建立联系，进而了解自我，处理与创伤相关的记忆；②服用药物，关闭脑中不适当的警报，或者使用其他方式来改变大脑组织信息的方式；③自下而上，让身体深刻地体会与创伤带来的无助、狂怒或崩溃完全相反的体验。

对受了伤的人来说，哪一种方式最好，是一个经验上的问题。总体来说，很多人都需要上述方法的综合。

◎ 凤凰涅槃，重塑自己

每一个走过伤痛，看起来却风轻云淡的人，外人可能并不知道，TA 对自己做过多么痛彻心扉的剖析。

TA 只有了解了自己，对自己有客观的评价，才能获得自我成长，才能客观地看待一段关系，才能真正走出困扰自己的问题。

这也是自我意识所包含的几个方面，做到这些从来都不简单，除了独立，更需要不断的认知升级。

美剧《了不起的麦瑟尔夫人》，讲的就是一个女人自我意识觉醒的全过程。

结婚后，麦瑟尔夫人害怕丈夫不爱自己，在丈夫面前，她永远保持着最美的一面。她带妆睡觉，每天都测量自己的大腿和小腿，定期上瑜伽课……

她还全心全意支持丈夫的“副业”——讲脱口秀。场地她安排，为了酒吧能给丈夫安排场次，她不惜贿赂酒吧的管事。

而且丈夫在台上表演时，她还会记下台下观众的反应，然后根据反应回去改进稿子。

她婚后的那几年可以说是为丈夫而活，她做尽了讨好丈夫的事，然而丈夫还是出轨了。

气愤得不能自已，她穿上大衣就去了地下酒吧。夺过话筒，一通演讲。把自己为了那个家所受的委屈一股脑儿地全吐槽了出来。

她这次意外的脱口秀表演，没想到获得了全场的掌声。

她发现了自己的天赋和才能，从此开始了脱口秀表演，并且一举成名。她终于不用再战战兢兢地讨好丈夫，她站在舞台上犀利地吐槽，下了舞台，她也活得潇洒自在。

整部剧讲了女性离开丈夫后，追寻自我价值的过程。

走出失恋，基本上人的心理上都会经过一个认知升级的过程：伤心绝望——期望复合——再次失望——自我否定——剖析自我——自我觉醒。

每一个在感情里受伤的人，没必要全盘否定自己。每段感情都是一场“修行”，每个人都有极度怀疑自己、否定自己、不甘和不服的时候，但我们不投降，蜕变了就是新生。

身边的人得了抑郁症，我们该怎么办

身体生病的人总是能得到大家的照顾与迁就，但是对于心理上生病的人，很多人却下意识地排斥、贬低、嘲笑。

有心理疾病的人，甚至被说成“神经病”“矫情”“都是自己想不开”……以至于很多得了抑郁症的人，不敢寻求专业的心理救助，因为他们怕被人指指点点。

抑郁症真的是病人自找的吗？为什么大家会嘲笑他们，并且避之不及？

在西方国家，抑郁症常常被称为“心灵感冒”，意思是说抑郁症像伤风感冒一样，是一种常见的精神疾病。

“心灵感冒”又称“心境障碍”，包括抑郁症（重症抑郁）、恶劣心境障碍、双相障碍（抑郁与躁狂交替发作）等临床亚型，具有高发病、高自杀、高复发、高致残等特点。

据世界卫生组织预测，到2020年抑郁症将成为继冠心病之后的世界第二大疾病负担源。

而在中国，许多人，甚至小学生都知道身体感冒的多种症状，但了解“心灵感冒”症状的人却非常少。“精神疾病”也一直是人们谈之色变、讳莫如深的一个话题。

但精神疾病并不因为人们不认识它就不存在，相反，它一直存在于我们周围。根据统计，大约有12% 的人在他们一生中的某个时期，都曾经历过相当严重，需要治疗的抑郁症。

2018年，21岁的女孩在峨眉山跳崖，她的遗书更是让人深思：“希望大家能多多关注抑郁症患者这个群体吧，愿这个世界多些善意和美好，少些伤害。”

从她的文字里，我们看到了她深深的绝望和无助，她的内心经历了我们难以想象的痛苦和折磨。

而在我们身边，还有千千万万和这个女孩一样患有抑郁症的人。为了预防再有悲剧发生，我们该怎么办呢？

◎ 对于抑郁症，要有常识

太多人不了解抑郁症，对抑郁症有误解，从而对周围有抑郁症的人采取了不正确的态度，即便是出于善意，但在某种程度上其实反而加重了对方的苦恼。比如：

1. 以情绪表现来判断对方是不是患上了抑郁症

有人认为情绪低落、状态低迷就是患上了抑郁症，有说有笑就没有得抑郁症，这是一个非常错误的观点，卓别林是公认的喜剧大师，但他被抑郁症困扰了一生。“好莱坞喜剧天王”金·凯瑞、英国著名的演“憨豆”先生的演员罗温·艾金森，都曾被曝因为严重的抑郁症入院治疗。

抑郁症的反面并不是“快乐”，它的反面是“活力”，抑郁症患者并不是看起来不快乐那么简单，而是他们往往对任何事情都提不起兴趣。

所以不要对抑郁症患者说“开心一点”“想开一点”这种话，导致他抑郁的并非心情。

开心一点、想开一点并不会减轻他的痛苦，更何况绝大多数抑郁症患者已经失去了“开心、想开”的精神调节机制。

2. 认为抑郁症不是什么病，就是“小心眼”“看不开”“没什么大不了的”

我们知道，抑郁症是一种以情绪障碍为主的精神障碍性疾病，是已经被医学界认定的一种疾病。

抑郁症与人的品质道德无关，也不是意志力坚定、心胸宽广的人就不会得抑郁症。最新国际医学研究表明：以血清素为主的大脑“生物胺”相对或绝对不足，是导致抑郁症的重要原因。

所以不要对抑郁症患者说“生活好好的，你有啥可抑郁的”这种话，他们是病了。

也不要问他们：“你有什么想不开的呢？”他们的“想不开”，可能是其他人无法理解的，但绝对不是“没什么大不了的事”，也绝对不是“只要自己想开点就会好”那么简单。

在精神卫生知识还不够普及，人们普遍存在心理压力和情绪障碍的情况下，目前我们需要了解的是——抑郁症应该受到重视，而抑郁症患者不应该受到误解和歧视。

3. 认为抑郁症不用治疗，只要出去散散心，改变环境就会好

外出散心旅游，也许可以缓解抑郁症所带来的一些心理压力，让人在当时转移了注意力，忽视了抑郁症所带来的痛苦。

但这并没有从根本上解决心理和情绪障碍，没有纠正错误认知，只是缓解了症状，并不能从根本上治疗抑郁症。

如果怀疑自己患上了抑郁症，不是散散心就可以解决的，请一定去正规医院确诊，并遵医嘱。

◎ 作为一个非专业人士，该从哪些方面关爱抑郁症

1. 关注亲人，如果发现有抑郁症倾向，请到正规医院确诊

首先我们对抑郁症要有基本认识，亲人朋友和平时有变化，比如出现睡眠问题，对任何事都提不起兴趣，或者身体的不适，查不到原因时，请带他去医院检查，确诊或者排除抑郁症。

对抑郁症患者来说，有时候不能面对的不是病症本身，而是去医院接受治疗这件事。

很多人一想到要去看精神科，从心理上就难以接受。毕竟，他们觉得看精神科，是不是就是承认自己是个“精神病患者”，本身就带有羞愧和耻辱。

而抑郁症患者最不该面对的，就是羞耻感。

所以，在他们排斥就诊的时候，我们一定要用合适的态度劝说，不要激起他的反感。

药物治疗一定要在医生指导下进行，服用什么药物、何时服用、服用剂量、服用时间，都要按医嘱进行。如果感觉药物没有效果或副作用太大，或者有其他疑虑，可以同医生沟通，千万不能擅自买药服用或看说明书服药，更不能擅自换药、停药。

2. 关心、爱护、多陪伴，鼓励他说出内心的真实感受

抑郁症患者通常会很疏离，尽量保持自己和别人的距离感，甚至排斥沟通，但对他们来说，亲人是精神支柱，我们一定要给予足够的关爱，这需要我们更多的耐心。

作为亲人，我们要对他表达关心，同时在他们对我们的付出毫不在乎，对我们做的事情完全没有兴趣的时候，不要生气，要提醒自己：他们是因为

生病，才会这样的。

多表达你对他的爱，多说“我爱你”“你对我非常重要”，而不要着急，不要唉声叹气：“唉，你这个毛病什么时候能好啊？”

让他知道：我永远和你在一起，理解你，爱你。请多给他们一些陪伴、鼓励和关心，只有爱，才是治病的良药。

3. 不要和他讲大道理

不要想通过和他谈大道理，什么生命的意义，来激起他生活的热情；不要帮他分析原因“你为什么抑郁”；也不要说“父母为你付出了那么多，你这样一蹶不振对得起他们吗”，这样的谈话和质问对他们来说，除了增加心理负担，毫无益处。

我们可以让他们参与活动或者工作，但是如果他排斥，不愿意做，不要强迫他，不要试图去鼓励他说：“你以前做得很好，你现在也一样可以”之类的话。

带他散步，做一点运动，多晒太阳，因为光线会影响人的下丘脑视交叉、松果体和褪黑素释放的活动，有助于改善心情。

4. 危机识别

这是非常重要的一点，因为重度抑郁症患者会有自杀、结束自己生命的意念。那么，我们在和抑郁症患者交往过程中，必须认真对待所有涉及自杀的谈话，要有敏锐度。

对他流露出的轻生的言语和文字，一定要重视。那么，哪些言语和行为是危险的自杀警告信号呢？

比如：

（1）最近他有企图自杀或者做出自我伤害的行为，比如割伤自己。

（2）谈论自杀或拿自杀话题来开玩笑，以及谈论死亡是怎样的。

（3）流露出对未来的绝望，比如说，“活着有什么用呢？”“我对任何人都没有什么好处。”“我活得一点意思都没有。”

（4）忽略自我，不洗澡，不刮胡子，每天待在自己房间不与家人交流。

（5）送给别人他珍藏的东西，或者纪念品，说，“你帮我好好保存”“以后这东西就交给你了”等之类的话。

（6）立遗嘱。

还有一种情况更危险，有的重度抑郁症患者在企图自杀前，为了不让人发觉，会装成若无其事的样子，和朋友家人有说有笑的。周围人会放松警惕，这样的患者自杀成功率更高。

但是，如果抑郁症患者自己没有提过自杀念头，作为亲近的人，最好是观察，并保持警惕，但不要直接说此类话，“你可千万不要自杀呀”“你不会是想死了吧”“我就你这么一个儿子，你死了我可怎么办啊”“我离不开你，你可不能死啊”。这些话对抑郁症患者有心理暗示作用。有可能他们因为听了这样的话，真的走上绝路。

如果发生了你不能面对的事情，比如抑郁症患者自杀，请立刻拨打急救电话，无论是什么情况造成的自杀，都要记住：生命比隐私重要。

不要随便让妈妈们“坚强”

◎ “为母则刚”，恐怕是这世界上最毒的鸡汤

刚生完孩子的妈妈，不仅不“刚”，还非常脆弱，她们中的很多人甚至患上了产后抑郁症。

在综艺节目《妻子的浪漫旅行》中，香港女星袁咏仪谈及自己产后抑郁的经历。一向大大咧咧的她，生了孩子之后却性格大变，看什么都不顺眼，莫名其妙就想哭。

看到妈妈买菜回来，觉得妈妈太辛苦，就哭了。因为老公简单的一句话，也会想东想西，陷入老公是不是不想帮忙做这件事的怀疑中，眼泪又控制不住地落下来。

演员冯绍峰也在一次采访中说过，妻子赵丽颖生完孩子后，变得敏感爱哭，好像有了产后抑郁的症状。有次冯绍峰给孩子喂奶，一回头发现赵丽颖在哭，一边哭还一边对他说：“能不能（抱孩子）轻一点，温柔一点啊。”

可见产后抑郁并不只是普通人会有的症状，就连不缺钱不缺人手帮忙带孩子的明星，也会有这样的困扰。

◎ 产后抑郁，不是矫情，也不是“闲的”

某媒体在2018《新妈妈情绪蓝皮书》里说“中国每年有1800万新手妈妈诞生，其中六到八成都会患上产后抑郁”。

近60% 发生抑郁的产妇没被诊断出来，而50% 被诊断出来的产妇没有接受任何治疗。意外怀孕的产妇发生抑郁症的概率比正常的高出50% 以上。而抑郁症是自杀的第一成因，20% 的产后死亡都是抑郁症导致的。

与这样惊人的数据相对应的，是很多丈夫和婆婆的话，“小题大做，矫情”“哪个女人不是这样过来的？”“都做了妈妈了，不要把自己看得那么娇贵”。

殊不知，很多女性患上产后抑郁症，和丈夫、家人的态度是有很大关系的，比起产后抑郁，更可怕的是家人的无知和漠视。

对产后抑郁症的无知，带来的是一个个的惨痛悲剧。很多人在表示痛惜的同时，依然存在着许多不解：生个孩子怎么就抑郁了呢？产后抑郁症怎么能这么可怕?

◎ “产后抑郁”和“产后抑郁症”是不一样的

产后抑郁如此多发，该怎么办，是不是需要就医，我们可以根据症状，来区分产后抑郁和产后抑郁症，这是两个不同的概念。

产后抑郁是女性在产后所表现出来的一种情绪上的波动，因为产妇产后身体内的雌激素和孕激素水平下降，与情绪活动有关的儿茶酚胺分泌减少，体内的内分泌调节处在不平衡状态，所以情绪很不稳定。

表现为失眠、食欲下降、注意力不集中、头痛、易激动、发怒、苦恼等情况。主要会集中在产后3～7天内出现，大多数人会在出现后的10～14天得以缓解。

而产后抑郁症则属于精神类疾病的一种，表现为显著而持久的情绪低落、兴趣减退、容易产生疲乏、睡眠饮食障碍、思维能力下降，甚至试图自杀、扩大性自杀（放心不下孩子，带着孩子一起死）。

简单来说，产后抑郁症是一种心理疾病，需要治疗，而产后抑郁相对来说，症状较轻，能够自愈。

但是，如果产后抑郁的女性长期得不到关爱，负面情绪无法疏导，时间长了就会发展成产后抑郁症。

排除遗传和心理因素，家庭矛盾、家人漠视、婆媳争执、育儿分歧，都很容易让刚生产完的女性，心情郁结，出现产后抑郁，如果不加以重视，症状不能缓解，可能就会患上产后抑郁症。

◎ 如何缓解产后抑郁症状

产后抑郁症是需要接受治疗的，但产后抑郁，完全可以通过自我和家人的努力，使症状缓解。

爱和理解，是治疗抑郁的良药。

别再说她们矫情，只是她们经历的苦，你不懂而已。但是，就算妻子遭受的痛苦，家人们无法感同身受，也不要指责她们不够坚强，而要试着安慰她们，如果也找不到合适的话来安慰，至少，给她们“放假”，让她们休息一下，补个觉，让她们有一点点时间来自己独处，疗愈自己。

除了精神安抚，产妇还需要饮食上的调理。

心理上的痛苦，很多时候是因为身体不适。

刚生完孩子的女性，身体还很虚弱，而照顾新生儿，又使得她们夜不能寐，身体无法康复，情绪怎能不低落？

这时候，家人要注意产妇的饮食搭配，加强营养，让她尽快恢复体力。

另外，女性也要进行自我情绪疏导。

刚生完孩子的女性，面临着身份的转变，要尽快调节自己，可以看一些育儿书籍，让自己尽快适应，但不要过分苛求自己。

新手妈妈们要学会放松自己，科学育儿不等于“精准育儿”，有的妈妈严格遵守“专家”的意见，孩子每次喝多少奶，一天睡多久都十分注意，一旦自己孩子的作息有偏差，就焦虑着急，其实大可不必，孩子虽然很娇嫩，但并不是“瓷娃娃”，而且每个孩子情况不一样，不要担心自家孩子和别人的一点小不同，孩子其实天生有很多我们想不到的自我保护能力。

平时，多听一些舒缓的音乐，观察宝贝可爱的模样，体会做妈妈的快乐，换尿布、给孩子洗澡时多和宝贝说话，告诉孩子，你正在为他做什么，看着孩子微笑回应，你也能感受到幸福。

感觉到累的时候，休息一下，将家务搁一搁，理直气壮地告诉自己：“我是一个妈妈，但我首先得照顾好自己，才有可能照顾好孩子。”

即使做了妈妈，属于自己的时间很少，但也不要丢掉爱好，它能让人摆脱阴郁的情绪。比如，最近新闻里报道的一位妈妈，爱好织毛衣，她就为整条街道的栏杆都织了毛衣套，街道变得更美观，栏杆扶手也不再冰冷，她用爱好疗愈了自己的产后抑郁，也温暖了他人。

妈妈不是超人，她们也需要家人的心疼和爱，愿所有人都不再随便要求妈妈们“坚强”。

在焦虑来临之前控制它

《孙子兵法·谋攻》中说："知彼知己者，百战不殆。"原意是说，如果我们对敌我双方的情况都能了解透彻，打起仗来就可以立于不败之地。其实对于焦虑这个劲敌也一样，充分了解它之后，打败它，并不困难。

焦虑这种情绪很复杂，包含了着急、紧张、恐慌等成分，是人对现实或未来的不确定性非常担忧，而出现的一种情感反映。与之相反的情感形式是企盼，企盼是人对现实或未来事物的价值特性，出现明显利好趋势所产生的情感反映。

它与恐惧很相似，但恐惧通常有一个具体的对象，就像怕蛇、害怕黑夜等，而焦虑往往是对不确定事物的恐惧，比如对能不能干好工作的焦虑、对前途的焦虑等。

那么针对焦虑这样的特性，主要的解决办法，就是变未知为已知，破除未知事物或者不确定性给人的威胁。

◎ 焦不焦虑，身体知道

在《恐惧的概念》一书中，作者克尔凯郭尔说："焦虑是人面对自由选择时，必然存在的心理体验。正如一条新路，我们无法预知隐藏着多少危险，因此产生焦虑。他认为焦虑的产生，和自我意识的形成和发展有关，婴儿只有恐惧，当人有了自我意识，有了独立选择的意愿，面临选择，才会有焦虑。”

焦虑和自我意识有关，说明人的焦虑程度，取决于个体与自己的感受的了解与清晰的意识程度，以及个体对自己行为的自主选择程度。

人能够意识到自己的焦虑状况，更有利于调整自我的状态，降低焦虑水平，同时自主选择，而不是被迫而为的时候，人的焦虑水平相对较低。

人要意识到自己的焦虑状况，可以从感受身体反应开始。我们可以回想一下，在我们意识到焦虑的同时，一般都会伴随着身体的不适。比如，肌肉紧张、冒汗、胃部不适等都是焦虑的信号。

心理学界，有一个“先有鸡还是先有蛋”的问题，那么到底是情绪引发了身体反应，还是身体反应导致了情绪？

而无论是“鸡生蛋”，还是“蛋生鸡”，都说明情绪和生理反应是息息相关的。

那么，我们改变焦虑情绪，可以结合控制身体反应。威廉·詹姆斯在《什么是情绪》中谈到：“如果我们想战胜讨厌的情绪倾向，首先必须刻苦地、无情地练习我们想培养的性情的外部动作。”如果我们有焦虑的倾向，我们可以从身体开始，刻苦地练习用平静和积极来对抗它的能力。

告诉自己放轻松，保持身体镇定。“通过吹口哨来保持勇气不只是比喻的说法。”詹姆斯说。

还可以通过体验身体各部位肌肉的紧张与放松状态的对比，来充分感受放松。做一些运动，让身体平静、放松。

我们可以采取措施，慢慢地确立一套自己应对焦虑的办法，成为大脑中优先选择的神经回路，那么以后再焦虑的时候，我们就有了更多的准备让身体保持镇定，有效地控制焦虑。

◎ 硬着头皮，迅速地去做

害怕什么，就去做什么。这话是有道理的。

美国心理学家阿尔伯特·埃利斯讲述自己的经历时说，他曾经有社交恐惧症，他不知道如何和女性交谈。为了克服自己的社交恐惧，他决定直面自己的恐惧，开始行动。

他在公园散步，如果看到女性独自坐在一条长凳上，他就立刻走上去坐在她旁边，毫不犹豫，不允许自己思考和质疑，无论内心产生了怎样的焦虑感。然后，给自己一分钟时间，主动开口和她说话，除了私人话题，什么都谈。

这个办法的效果很显著，8个月里，他接近了130多名女性，有1/3的人立即起身走开了，另外的100多个女性都回应了他，有些聊天很简短，有的则会持续一个小时甚至更长时间。

通过这种方式，他完全摆脱了社交恐惧症，在陌生的地方遇到陌生的女性时，他再也不感到恐惧了。因为他认识到，别人的拒绝并不会产生任何可怕的后果，交谈过的女性也没有伤害过他，没有任何贬低他的举动，更没有打电话叫警察，相反，聊天几乎都是愉快的过程。

阿尔伯特·埃利斯通过自己的亲身经历，告诉我们：人是可以在焦虑来临之前，控制住它的。只需要强迫自己直面内心恐惧的事情，在身体还没有反应过来，没有强烈排斥的时候，硬着头皮、迅速地去做。

我们可以试着多尝试几次，去做一些自己焦虑的事情，体验那种掌控的感觉，当然，毕竟是做自己不擅长的事情，为了防止慌乱引起更多焦虑，在行动前，先做几个备选方案比较好。

重要的是要迈出第一步，敢于尝试，在经历过几次自己和内心焦虑的较量之后，我们会发现，焦虑并不可怕，完全可以通过直面它而解除对它的敏感，并且获得成就感和愉悦感。

◎ 破除无力感

前面谈过了，人之所以焦虑，是因为事物有不确定性，而自己有无力感，焦虑的时候，人往往否定自己：我还没有准备好，我没有足够的资源，我控制不了……

那么，要控制焦虑，除了把未知变成已知之外，还要让自己对事物有掌控感。

1. 把问题分类，分为自己能掌控的和不能掌控的

每个人都能自我分析出什么是我能改变和影响的事情，什么是自己不能控制的，弄清楚这一点，很多人会非常吃惊地发现：自己花了很多时间和心思在不能改变的事情上，都是做了无用功，徒增焦虑而已。

做到有的放矢，对不能掌控的事情放手，看得更长远一点，不执着于眼前。领导资源公司首席执行官凯文·卡什曼说："通常在任何巨大的心理突破前，你都需要有个'暂停'期，让你的身体和潜意识占据你清醒的大脑。"当这个世界让你感到迷茫、压力重重时，做个深呼吸，你会奇迹般地发现你的头脑好像从"作战区"转移到"避难所"。

2. 回想过去的成功经验

我们常常高估一个预测的危险，而低估自己处理未知问题的能力。

面对棘手的事情时，我们可以回想一下，过去有没有同类事件，有没有同样的感受，我们是怎样解决度过的，过去的经验，可能对于解决眼下具体的事件没有帮助，但对于解决类似的情绪，身体的记忆比当下的意志更有用。

3. 向内审视自己

对于自认为能解决，却让我们很焦虑的事情，就不仅仅是分析问题的难

度，而更重要的是审视自己，在这个过程中，为什么会有不舒服的感觉，是什么引发了自己的情绪？

多问自己几个问题："我的感觉是什么""为什么会有这样的感觉""是因为想到过去发生的什么事情，我才会这样的吗""我可以做点什么来消除"……

4. 征服无力感，不要急于求成

无力感是一种让人沮丧的感觉，它会引起躯体莫名的不舒服。但这种感觉，不需要寄希望于采取快速的行动去消除，马上解决大的目标，都不利于问题的解决。

把目标细化，让它能被衡量，并且可以量化，在行动的时候，可以及时给自己高效反馈，是增加掌控感的有效方法。

山田本一是日本20世纪80年代一位名不见经传的马拉松运动员，他却出人意料地取得了两次世界冠军，他在自传中讲述了自己夺冠的诀窍：每次比赛之前，他都要乘车把比赛的线路仔细看一遍，并把沿途比较醒目的标志画下来，比如第一个标志是银行，第二个标志是一棵大树，第三个标志是一座红房子，这样一直画到赛程的终点。比赛开始后，他就以百米冲刺的速度奋力向第一个目标冲去，等到达第一个目标，他又以同样的速度向第二个目标冲去。四十几公里的赛程，就被他分解成这么几个小目标，轻松地跑完了。

我们在面对问题的时候也一样，把目标清晰地分解，小的、成功的激励作用就显现了，当我们解决了一个小问题，能及时得到正面激励，缓解当下的焦虑情绪，对于个人挑战下一个目标作用很大。

别急，对付焦虑也是欲速则不达的，同时在尽量稳住的时候采取措施，不被焦虑裹挟，最有效的办法是直面它，在它来临之前控制住它。

怎样缓解社交焦虑

◎ “今天你精芬了吗”

最近，“精芬”这个词“火”了，甚至成为不少朋友之间见面的问候语，它可不是对“精神分裂”四个字的简练说法，而是另一个流行语的缩写——“精神芬兰人”。

芬兰人好理解，那精神上的芬兰人又是什么意思呢？这要从一本有趣的另类芬兰社交指南绘本《芬兰人的噩梦》说起。

在这个小绘本里，芬兰漫画家卡罗利娜·科尔霍宁用简单的画作，呈现出芬兰人种种内向表现。他们需要空间，他们不善于与人保持过于密切的接触，比起很多人一起聚会，他们更喜欢一个人待着。

这本书，画出了有社交焦虑的人的心声。

书里说，“芬兰人的噩梦”是：拦错了巴士，却又不好意思不上车；有人在公共场所大声跟你说话；电梯里只有你自己和一个陌生人；你想尝尝免费样品，可又不想和销售员说话；当众发言的时候；求职时不得不为自己说些好话；同事找你闲聊，不得不假装自己很忙……

“芬兰人的白日梦”则是：安静……那是一辆空无一人的巴士，一部只有自己的电梯，一种不需要打扰别人，也不会被别人打扰的生活。

也许，你也是一个“芬兰人”。甚至，很多患有轻微“社交焦虑”的网友自嘲是“精神上的芬兰人”。

善良又坚持，害羞又内省，日常生活中的纷纷扰扰，也许不仅仅只是芬兰人的噩梦。

而这种“芬兰式的社交恐惧”并不是紧急到要就医的精神状况，多半是对密度过大的社交生活的一种回避。

现在很多人也和书中人一样，日常生活中常常遭遇各种不足为人道的小困境，但他们感觉并不那么糟，还互相打趣，问：“今天你精芬了吗？”

◎ 对私人空间的需要，不等于社交焦虑

如果说社交恐惧是一个问题，可是为什么“精芬”会成为当下部分中国年轻网友的认可，或者自我认同的状态呢？这的确是一种很值得研究的心理状态。

人是群居动物，我们都害怕孤独，但我们更渴望自我空间和个人隐私得到最大的尊重。

“我们对于社交的恐惧并不是不愿意与朋友相处，而是很多时候，社交之中没有一个明确的人我界限，我们常常忘记了考虑他人的感受；强迫的性质也让社交‘美德’变成一种负担。”

“精芬”们渴望的是一种和陌生人保持礼貌距离的空间感。我们也观察到，认为自己是“精芬”的大部分是20岁到30岁的年轻人，大家希望自己独处的空间能够被尊重。

年轻人对空间感的要求与今天很多都市年轻人的另一种生活状态有些类似——他们将“撸猫”作为日常生活之必要项目，甚至于说和猫在一起比和

人在一起更轻松。

在他们眼中，与其被迫陷入一种假笑式社交，最理想的人际关系，还不如跟猫在一起。

在网络视频节目《看理想》中，梁文道说出了当代都市人与猫之间的关系："它跟你做伴，但是又不干扰你，你又要尊重它的空间，尊重它的独立性，不要过分骚扰它，大家的界限还是存在的。"——一定程度上，这也是一种对人与人之间距离的期待。

对私人空间的需要，准确来说，是自我意识的体现，所谓"精芬"的人，只是轻微的排斥尬聊、新环境，只有对一切社交活动都恐惧的心理，才能说是社交恐惧，才会给人造成困扰。

◎ 社交焦虑的症状

社交恐惧是焦虑症的一种，是知觉上的反常现象，有社交恐惧的人在社交场合不可控制地出现焦虑情绪，并对社交场景持久地、明显地害怕和回避。

在面对不熟的人、新的环境时，人感到紧张是正常现象，但大多数人能够控制自己的情绪，不至于行为失控。有社交恐惧的人，他们的紧张远远超过正常程度，他们内心有极大的恐惧，并出现脸红、出汗、心跳加快、说话结巴和手足无措等现象。有人甚至恐惧到无法控制，逃离或者不再进入社交场合。

心理学上，把社交焦虑分成了两种类型：表现型社交焦虑与社交型社交焦虑。

表现型社交焦虑：恐惧在公众场合展现自己。面对着各种眼光的注视，特别是陌生的群体注视，会感觉心里发慌。说话吞吞吐吐没有底气，浑身不自在，没有安全感。

社交型社交焦虑：逃避社交的场合，害怕与人沟通。碰到认识的人会装作没看到，选择性逃避。只有在很熟的人身边，与外界接触才有安全感。

◎ 如何缓解社交焦虑

1. 告诉自己，别人没有关注你

社交焦虑的人，身体会相应的出现一些症状，比如：脸红、出汗、发抖、呼吸困难、喉咙发堵等。当有这样的症状出现的时候，我们意识到自己开始紧张了，但是不要慌。

告诉自己，别人并没有那么在意你，你自我感觉到的所有反应，并没有引起别人的关注。

美国心理学家劳森做过一个实验。他让一些大学生们穿上印有“美国之鹰”的运动衫去见同学。约40% 的大学生确信，同学会记住自己衣服上的字，但是事实上仅有10% 的人记住了。

大部分观察者甚至没有发现对方中途出去几分钟，再回来时换了衣服。

所以，别人并没有我们想象中的关注自己。放轻松，在自己心里天大的糗事，在别人眼里根本不是个事。

2. 注意力集中在具体事情上

在社交场合，不要过多关注别人的表情和反应，把注意力放到自己身上，放到自己做的事情上来。

没有必要表现幽默来获取大家的好感，更没有必要为了融入集体而强迫自己附和别人。

当你把注意力从观察别人，拉回到具体事情上来，焦虑的情况就会好很多。比如，交谈的时候，我们认真地倾听，想着如何回应。试着提几个问题，思考谈论的事情。如果只是闲聊，而你又不知道如何回应，那么报以微笑，做个好的倾听者也没什么不好。

3. 刻意练习，直面恐惧

有社交焦虑的人，一般对自我评价低，在乎别人的看法，那么，试试走出去，害怕什么就去做什么，你会发现，自己没有那么差。

比如，做点准备，在小组发言；参加聚会，试着找陌生人聊天；联系一个很久不见的同学……

尝试和别人的目光接触。避免目光直视，那会让人有压力，让人最舒服的目光接触，是在对方的双眼和鼻梁构成的三角区域内。

不要总是逃避，那只会让自己更焦虑。

4. 社交焦虑的并不只有你一个人

人本主义心理治疗有一种方法，是团体心理治疗，是有相同情况的人在一起，团体成员就大家所共同关心的问题进行讨论，观察和分析有关自己和他人的心理与行为反应、情感体验和人际关系，从而使自己的行为得以改善。

有相同困惑的人，互相交流、鼓励、诉说痛苦，本身就具有疗愈的作用，这种形式让人有信心，感觉到自己不是一个人在受煎熬，还有同伴和我站在一起。

有社交焦虑的人，除了和有相同状况的人交流外，也可以和亲人、朋友倾诉，让负面情绪得以缓解。

敞开心扉，可能会遇到志同道合的同伴，一起尝试突破焦虑，有人给予反馈，胜过自己一个人摸索。

伴侣的小毛病，到底能不能忍

有些事情，可大可小。

他吃饭吧唧嘴；

她从不记得关灯；

他豪爽大气朋友多，总是借给朋友钱，女朋友却只能陪他吃泡面；

她出门光鲜靓丽，却不爱收拾房间，家里乱得堪比猪圈。

当一个人深陷爱情的时候，TA 爱着的人，什么都是好的，就算那些小毛病、坏习惯，也都统统很可爱。

但当两个人生活在一起时间久了，激情不再，那些小毛病，就像虱子一样，让人浑身不自在。

有人甚至开始怀疑，我当初怎么会看上 TA？

◎ 你现在讨厌的，其实是当初你爱的

加利福尼亚大学戴维斯分校的戴安·费恩利教授做过一项研究，研究者问人们结婚和离婚的原因分别是什么，结果让人惊讶——两者是很接近的。

比如一个人，说她对她的伴侣产生好感，是因为他很随性，后来要分手

的时候，又形容他整天做白日梦，不会事先计划。

其实，“随性”和“不事先计划”，只是一体两面，并无实质性区别。

朋友的女儿小米爱上了她的大学高数老师，因为老师实在太幽默了。

枯燥的数学公式，从老师的嘴里说出来，也像是有了生命，钻进小米心里，小米一下就记住了。那学期的高数成绩，小米也破天荒得了90分。

小米开始了对高数老师的猛烈追求，她经常想，能和这样幽默的人生活在一起，每天该是多么有乐趣啊。

可爱的小米，也很受高数老师的喜爱，等小米大学毕业，两个人就结婚了。

可是结婚不到一年，小米就经常回娘家，对我的朋友抱怨，老公太书呆子了，说到数学定律一套一套的“耍贫嘴”，生活方面却是“低能儿”，不会做家务，也不知道怎么关心她。

真想让他和他的数学公式去生活。

朋友问女儿，你当年看上的不就是他的“幽默”吗？为什么到现在成了“耍贫嘴”？

可见，小米当初不是不了解老公，也不是后来她的老公变了，只是，她的激情和幻觉已经消退。

从爱情落地到生活中，小米发现，原来自己眼中他的优点，现在都变成了缺点。

而其实，不管是优点还是缺点，几乎都是同一个特点。任何事物都有两面性，优点的背后必然是缺点。就像幽默的背后是贫嘴，稳重的背后是呆板，聪明的背后是狡猾。

◎ 小事的累积效应

优点到缺点，只在一转念。这都因为小事的累积效应。

当爱的光环在日复一日的生活中退去后，我们看到了伴侣优点背后的缺点。而且那缺点反复出现，越来越刺眼。

密歇根大学社会研究院的心理学教授奥巴克表示，当夫妇遭遇大的人生挑战，比如一方失业，或者发生重大疾病的时候，感情不但不容易破裂，而且，他们的心往往更能走到一起，彼此支持。

他说，相反，导致婚姻破碎的，往往是一些看起来琐碎的小事。

我至今记得很多年前看过的一部电影《末路狂花》，讲两个生活不如意的女人，相伴出去散心，无意中杀了人，一路逃亡的故事。

女主角之一的家庭主妇塞尔玛，在婚姻中感受到的是无尽的孤独，丈夫看起来不坏，只是很忙，对她很少关心，大男子主义，脾气暴躁。

每次被丈夫骂了之后，塞尔玛都小心翼翼地说“I’m sorry”。

就是在琐碎的生活里，在每一次说了“I’m sorry”之后，塞尔玛的心里，累积了越来越多的不满和怨恨。

以至于有了她和同伴悲壮的旅行，她们路上杀人、抢劫、袭警，不像是在犯罪，更像是在发泄内心的积怨，像是对老公、对生活不满的爆发。

小事是有累积效应的。

往往人的情绪突然崩溃，并不是因为重大的挫折和伤害。

而是在这之前，内心已经被小事磨得千疮百孔，偶然的事件，给了人致命的最后一击而已。

◎ 让你抓狂的，真的是这些小毛病吗

知乎曾经有个问题，说女朋友要和他分手，只因为自己没有给她买冰激凌，问要不要答应分手。

有个高赞回答说，哥们儿，分手不是没买冰激凌这么简单吧，在这之前，她到底有多少需求，你没有满足？她真正在意的，是你抠门儿，还是吃个冰激凌都要考虑的日子，让她对你俩的未来不抱希望？

这个回答说出了问题的本质，很多让人沮丧的事情，并不在事情本身，而在于它的背后，隐藏了太多积压的情绪和需求。

生活中，伴侣的那些小毛病让人抓狂，也是一样。

隔壁的王姐总对着老公咆哮：说多少次了，你为什么还是这样？

她老公卫生习惯不好，常常不洗澡就上床睡觉，换洗的衣服总是随便扔，为此王姐不知道说了多少次。

但真的是她老公这个小毛病让她无法忍受吗？

并不是。

无法忍受的是——我说了多少次，为什么你不改？

这种感受简直抓心，你明明知道，做一点点改变，把脏衣服放到洗衣机，洗个澡再睡觉，我就不会这样烦躁，而你，就是不愿意做！

你是故意的，你就是在挑战我的底线！

因为对方漠视我们的意见，激发了我们内心无力改变现状、无法排解情绪的挫败感。

这样的感受，伴随着他的每一次小毛病出现，让人无法抑制，时间久了，积怨就堆积在心里。

◎ 我忍，还是不忍

为了生活琐事吵架，甚至闹到要离婚的地步，看起来很有点小题大做，但真的就发生在很多现实中的家庭里。

网络上曾经有篇文章，写的是某明星的妈妈离婚，她说。12岁那年，她的父母离婚了，是妈妈坚持要离的，因为妈妈生活精致，爱养花种草，而爸爸不拘小节，总往妈妈养的兰花盆里弹烟灰、扔烟头。

她的妈妈忍无可忍，离婚了。

我们无从去判断明星家务事的真假，但这篇文章在朋友圈引起了广泛争论，说明它戳中了很多人的痛点：

看似小毛病，真的无法忍!

可是不忍耐，就只有离婚一条路吗?

当然不是。

我的建议是两点，一是趁早告诉他。

在你意识到 TA 的小毛病，已经让你感觉不舒服的时候，就要告诉 TA。

越早越好，在你厌恶或者愤怒的情绪，还没有累积的时候，提意见不至于态度强硬，对方也容易接受。

在两个人的生活刚开始的时候，让 TA 改掉一些单身生活的坏毛病，是最好的时机。

那时候激情还在，人乐意为伴侣改变，如果等到后来，习惯成自然，再来纠正就没那么简单了。

另外一点建议是，不要说说而已。

停留在言语沟通层面的内容，如果不落实到行动中，就只是唠叨，毫无意义。

一方总是在提醒，另一方无视，时间久了，就容易演变成我的邻居王姐那样，一方抱怨甚至暴怒，另一方排斥。

针对那些容易引起争吵的家务事，不妨两个人商量，列一个清单，细化清洁工作及其他方面。

虽然生活习惯无关对错，但怕的就是一方认为自己的小毛病不碍大事，不是原则问题，自己不愿意改，埋怨对方小题大做，另一方觉得这点小事都不能改，情绪一上来就容易上纲上线，两个人反复为了同一件事争吵。

最后想说，人需要为自己的情绪负责。

伴侣的确有各种让人抓狂的小毛病，但 TA 自己不以为然，可能还觉得这样很自在，烦心的只是我们自己。一方唠叨、规定对方得这样那样做，另一方内心有抵触情绪，不情愿的行动中带着挫败感，对于关系当然是得不偿失的。

有句话说，关系不是道德审判，谁痛苦谁改变。听起来很无情，对忍受的一方很不公平，自己受了委屈，还要想办法来改变现状。但事实上，如果我们想在家庭里获得自由和幸福，必须迈出这一步，必须为自己的情绪负责。

这种改变可以是说服自己：为 TA 付出是我心甘情愿，不奢求对方改变；也可以是在 TA 不愿改变小毛病的情况下，让 TA 做一点其他事情来弥补；更可以是想办法让 TA 改变。

总之，我们需要想办法解决自己的那些小情绪，不要带着埋怨生活。

台湾“综艺教父”、《康熙来了》的制作人王伟忠有句话说得好，与你我、所有有小毛病的人共勉：“婚姻与爱情最大差异在于愿不愿意改变。愿意为了对方改变自己，是真爱。从头到尾都不想改变自己，充其量只是对方爱你。可妥协，可退让，愿意尝试原本讨厌的，有这样的心，才能维系感情。”

控制愤怒的行为方法

思维习惯与行为习惯是联系在一起的，要改变行为，必须先改变思维。

要改变愤怒的行为，并不是说人不是要一直保持理智不发脾气，而是要在有怒气的情况下，不失去理智，依然做正确的事情。

◎ 如何在自己愤怒的时候，依然做对的事

1. 需要把人和事分开来看

对事不对人，在发生争执的时候，做到把人和事分开，是一个人成熟的表现。

吵了架的人，是不是就不能继续来往？一般情况下，是的，人不会逼自己面对一个内心讨厌的人，但如果，这个人是生意上的合伙人呢？是你的客户呢？对于大多数人来说，总不能因为个人好恶，耽误事业、公司的发展吧？

也就是说，任何人只要愿意，都是可以把人和事分开来看的。遇到让人焦虑的问题时，先想怎么解决这个问题，而不是脾气一上来，爱怎么解决就怎么解决，胡乱抱怨一通或者忍气憋屈，整个人被情绪所控制，成了情绪的木偶。

在和人有分歧的时候，气头上没有必要全盘托出自己的想法，需要思考的是，我们沟通、吵架，是为了达到一个什么目的，然后再来选择合适的时

机、合适的语言表达。

在两个人意见不一致时，的确容易把人际关系和具体问题联系在一起，但首先，我们自己不要去怀疑对方的意图，不要一开始就认为对方是针对自己，避开个人感情因素的评价，多谈事实。

2. 区分自己是在坚守立场，还是在攻击他人

很多争论上升为人身攻击，是因为一个人由坚守自己的立场变成了攻击他人，这之间的界限太模糊，不好把握，稍微放纵一点就会越界。

我们知道，坚守立场是抵制不合理要求，而攻击他人涉及事件以外的责备。

恪守住这个原则，就要守住自己的嘴，不要说不应该说的话，不要对对方有个人的评价，不要给对方贴标签，比如因为一件事情就说对方“你总是……”“你就是这样”。

这只会让战火升级，从争论事情到对人的意见，偏离最初沟通的目的，闹得不欢而散。

◎ 如何应对他人的愤怒

当然，我们总是在寻求办法控制自己的情绪，然而在生活中，我们难以避免会遇到易怒的人，一言不合对方就发了脾气，影响到我们的心情，即使自己努力调整，也难免会受到波及。

发现周围有情绪问题的人，面对别人的怒气，我们不要轻易被激怒，请告诉自己：这是他们的情绪和问题，并不是我的，我不要被感染，也不需要为他们的情绪负责。

我们可以试着从以下几个方面来应对他人的愤怒：

1. 高效率地解决问题

如果我们周围有“易怒体质”的人，我们尽量远离他，当然是最稳妥的做法，但如果对方是抬头不见低头见的同事，需要合作的时候，我们更需要排除情绪，尽可能高效地完成工作，避免因磨合、拖沓造成更多的分歧。

高效率地解决问题，要了解最紧急的任务是什么，如何与同事进行分配，看清任务和大局的关系，才能保持开放的心态，和工作的灵活性。

如果对方执迷不悟，情绪用事，我们不妨在共事中向他点明这一点，说清楚大局为重，双方暂时抛开个人情绪，以利于相互之间的合作。

2. 告诉自己，生活中不要永远追求被公平对待

在工作和生活中，我们常常感觉自己受了委屈，遭受了不公平待遇，因此我们有怨气，有怒气。

村上春树在《海边的卡夫卡》里面写过这样一段话：我不希求用于反击外力的强壮。我希求的是接受外力、忍耐外力的强壮，是能够静静地忍受不公平、不走运、不理解、误解和悲伤等种种情况的强壮。

是的，接受这个世界的不公平，本身就是一种强大，只有接受了不公平的现状，人才有力量去改变。

如果一个人要求一直被公平对待，那么他遇到不公平的事情时，一定会愤愤不平、以牙还牙，但其实，这对解决问题没有丝毫帮助，别人生气的时候，我们没有必要同样做，这只会让情况变得更糟。

总是容忍的态度当然是不明智的，但愤怒会影响我们的判断，我们可能有更好的、更开阔的解决办法。

让我们愤怒的人，的确对我们不好，但他们并不一定就是坏人，甚至站

在他们的角度来看，他的行为是合理的。

固执的人，在世界苦苦寻找公平，而这会耗费太多的力量，不如豁达地看世界，强大自我，反而能改变不公平的状况。

因为人生本就是起起伏伏的，我们站在某个时间点，认为不公平的事情，跨过时间回头来看时，发现都是正常而公平的。

人站在高处是一定不会说公平不公平，只有处于低谷的人，才会感慨“世事不公”，而处于低谷的人要做的，并不是寻求暂时的公平，而是强大自我。

3. 允许他人有不同的想法

我们常常说要理解他人，但这个要求真的很难，尤其是两个人发生了冲突的时候，还要站在对方的角度为他人考虑，太违背人性了。

那我们可能需要“非整合能力”，这个概念是由两位心理学家雅各布·拉姆兰兹和雅艾尔·本雅米妮在2015年提出的。非整合的意思是“维持着不一致的状态”。非整合能力，是指接受现实的复杂性和模糊性的能力。就是人不能一味地按照自己接受的那一套规则去行事，也要根据具体情况进行调整，从而达到尊重别人同时也让自己感到舒适的效果。

一个拥有“非整合能力”的人，就能够在面对意见分歧的时候，和别人维持不一致的状态，并且，不会因此而感到紧张或不适。

简单说起来是尊重他人和自己的不同，而其实，这是一种非常难得的能力。

拥有“非整合”的能力，需要包容、胸怀宽广，更重要的是，要有能看到主要矛盾的能力，才能放下那些个人的对抗，能允许冲突下的各种认知、情感同时存在。

◎ 要控制愤怒，就要允许自己发火

要控制愤怒，不被反复无常的情绪所困扰，就要调整心态，不要给自己压力。爱自责，对自己有很多不满的人，更容易发脾气。

我们要试着自我安抚，对自己诚实，思考我们到底想要的是什么，我们发怒是为了什么，明确自己的真实感受和想法，然后大胆表达出来，用行动去争取想要的东西。

大胆承认自己的不足其实没关系。不要顾及颜面，承认自己发了脾气，我很累，我发火了，这的确有点难，但它能把我们从固执的状态解放出来，使自己更谦卑，更能修复、提升自我。

我们一直在提升自我，试图管理情绪，同时也要跳出让人烦恼的圈子，不要让自己总处在受挫的环境里。人遭受挫折太多，一直没有正面反馈，很容易失去信心，对情绪的把控也相对较弱。

06

激发积极情绪，让生活从容向前

吵架不一定是坏事

前几天，在微博上看到一句网友奶奶的话："当你和过日子的人吵架的时候，你俩都要记得，应该是你俩 VS 问题，而不是你 VS 他。"

不禁感叹：这奶奶太有智慧了！如果每对夫妻都能记住这句话，不仅离婚率会下降，吵架也能更有水平吧！

◎ 都是你的错

生活中，我们难免会和另一半发生争吵，那些争吵的起因多是一些鸡毛蒜皮的小事，可狠毒的话却像刀子一样插进对方的心里，很久都无法释怀。

静静和大勇结婚5年，三天一小吵五天一大吵，为了孩子不提离婚，但现在两个人也基本无沟通，用静静的话来说，是为了避免有掐死对方的冲动。

他俩什么话题都可以吵起来。

出门遇上堵车，静静埋怨大勇选错路，大勇嘲讽静静笨得连车都不会开，有什么资格指责他，静静气得在马路中间下了车。

到幼儿园开家长会回来，静静说老师反映儿子动手能力比较差，大勇说儿子随妈，静静反驳是他陪伴儿子太少，两个人越说越来气，吵到摔杯子砸碗。

夫妻吵架的原因有很多，比如性格、思维模式、生活习惯的差异等。而像静静两口子这样频繁地吵架，说到底，就是为了压倒对方，证明一件事情：都是你的错。

他们无视事情本身，而是极力找出证据，来说明“你是错的”，双方都不认输，两个人的争吵升级到隔阂，不再沟通。

我们都是站在自己的角度看问题，在我们的认知里，不觉得自己有错。就像别人脸上的黑一目了然，自己脸上的污点却难以看到一样，人很容易看出别人的问题，却无法面对自己的错误。

而且，被身边人经常指出自己的问题，是一件很伤自尊的事情。我们当然不会承认错误，即使被证明了错误，我们也习惯性地为自己辩解，找理由使之合理。

◎ 不合适就换人

有数据显示，在离婚原因中，“夫妻双方无法沟通、感情冷漠”占六成左右。

而无法沟通、感情冷漠，是因为夫妻双方矛盾没有及时解决，情绪长期积压的结果。

有人说：“过去那个年代的人，认为坏了的东西是可以修好的，但现在的人觉得坏了就直接扔掉！”

对待感情也是，现在很多人，面对夫妻矛盾，直接归罪于对方，有问题了不解决，感情坏了也不弥补，最终走向离婚。

对于有的人来说，换人可能比解决问题简单多了。

而问题并不会因为换了一个对象，就自动消失了，不然，再婚的人群，第二次婚姻的离婚率不会高达60% 以上，可见换人并不能换来幸福。

一段感情能不能走到头，要看你有没有修修补补的耐心，有没有解决矛盾的能力。

改善相处模式，从改变表达方式开始

两个人长期处于互怼模式，容易让人对婚姻灰心失望，难免会怀疑：我俩是不是不合适？

其实不合适的是两个人的相处模式，是表达的方式，或者解决矛盾的方法有问题。

马歇尔·卢森堡博士在《非暴力沟通》中提到，当我们争吵时，其实往往是因为其中一个人的需求没有得到满足。

夫妻虽然生活在一起，但直接提出需求的人，其实并不多，很多人通过间接的方式表达，而对方根本就没懂。

比如：

●暗示闺密买了个钻戒，其实是自己看中了一款新包；

●埋怨“你从不关心我”，其实是因为他忘记了自己的生日；

●质问“是赚钱重要还是孩子重要”，其实是想说希望他多花点时间陪家人。

类似这样的表达，两个人争吵的主题，多数是会跑偏的。

为什么我们不换一种表达方式呢？试试直接说问题，而不是用抱怨来发泄情绪，可能情况会有所改善。

不要以为夫妻每天生活在一起，就一定了解对方心里的想法。

默契来自有效的沟通，告诉对方你的心里所想，也主动去了解对方的想法，夫妻双方切忌玩猜心游戏。

关系出了问题，就要从改善关系入手，而不是先从对方身上找原因。

◎ 直面矛盾，给成熟恋人的4条建议

《老友记》里，钱德勒爱逞口舌之利，内心却敏感脆弱，交女友屡屡受挫。

他和莫妮卡交往后，有次吵架冷战，钱德勒傻乎乎地以为莫妮卡会跟他分手，内心很慌张，直到莫妮卡笑着告诉他，他们只是在吵架，吵过之后就算了。

莫妮卡教会了他，成年人如何处理感情问题，用她的爱拥抱钱德勒："欢迎你加入成熟恋人的行列。"

钱德勒如释重负，终于明白，吵架也是可以促进感情的。

是的，怎么吵架，如何解决矛盾，可是检验一个人成不成熟的标准呢。

做个成熟恋人也不难，那些智慧就在处理生活中的大小矛盾里。

1. 对事不对人，统一战线，共同御敌，不陷入你死我活的内战

曾经有心理学者针对夫妻吵架做过课题研究，感情不和导致离婚的夫妻，并不是因为吵架的频率或者吵架的议题，而是双方是否进行了人身攻击。

夫妻吵架，往往吵着吵着，两个人就忘了吵架的起因，把对方的糗事拿来说，互不相让，只管宣泄情绪，胡乱发脾气，导致战火升级。

吵架也是一种沟通，是为了解决问题。

共同的问题，才是两个人的目标，只是面对这个问题，两人有分歧，所

以才会吵架。

那么，对准问题、解决分歧，才是吵架的正确方式。

2. 气头上，不要争输赢对错

有一句玩笑话说，“那些跟女朋友吵架总能赢的男生，最后都单身了”。

这话虽然是开玩笑，但它透出的道理我是同意的，那就是关系第一。

很多矛盾在双方情绪平和的时候，是很好解决的，可是一到争吵的关头，有人就格外想争夺掌控感，寸步不让。

和亲密的人较劲，是很傻的事情，伤害的不只是 TA 的心，还有两个人的平衡，最后你可能吵赢了架，却输了关系。

还有的人，吵架的时候，特别较真，也就是一定要坚持指出对方的错误，直到对方承认为止。

TA 可能是对的，但在气头上的另一方，怎么可能低头认错呢？

不如退一步，等火山爆发一样的情绪过去之后，再来谈对错，效果一定好很多。

3. 无论多么生气，都不要说狠话

导致夫妻感情破裂的，往往不是那些变故和大事，而是生活中的琐事，尤其是伤人的话。

有人吵架的时候，什么话狠就说什么，专拣戳对方心窝子的话说，伤人不浅。

有比喻形容伤人的话就像钉子，钉子钉在木头上，可以拔出来，可是留在木头上的疤痕，永远也消除不了。

夫妻吵架时口不择言，说出来的狠话，留给对方的伤害，也像钉子留在木头上的疤痕一样，永远也消除不了，让人想起来心里就隐隐作痛。

脾气绝对不是无法控制的，在发火的时候，稍微冷静一下，多想想后果，不要在造成了无法挽回的结果之后才后悔。

有矛盾很正常，夫妻争吵也不可怕，不纠结于情绪，解决问题，你也是成熟恋人。

4. 发生分歧的时候，也是了解彼此的时机

台湾心理学者吴熙娟说："吵架是一种生命力的流动，是在告诉对方，我是谁，是什么让我不舒服，这样可以更加了解彼此。"

这话给恋人们的提示是，两个人发生意见分歧的时候，不要只想着就事论事，更要寻找深层次原因，比如，TA 的想法为什么和我不一样，TA 为什么会这样想，而我不舒服的原因是 TA 的话刺耳，还是因为这些话戳痛了我不愿别人碰触的部分？

在进行了这些深层分析之后，我们能想通很多平时想不明白的问题，因为冲突最容易暴露问题，那么这时候，恰恰是解决问题的最佳时机。

刘同说，吵架有一个好解释——我希望你的心能听到我的声音，所以我才会那么大声。

我们吵架，大声地说出自己的不满，痛快地发泄自己的情绪，如果对方能够"听到"，并且有回应，有改变，那么吵架就不是坏事，它能让双方了解到，我们之间有什么问题，该做哪些改变，如何更好地相处。

没必要后悔和抱怨，那些选择在当时都是最好的

◎ 那些后悔和“被逼无奈”的事

王伟的前女友结婚了，他郁闷地枯坐了一夜，反复回忆过去，悔恨自己。如果不是当初迫于父母的压力，今天新郎应该是他。

当时王伟的父母极力反对他俩在一起，因为前女友来自农村，家境不好，父母多病，家里还有两个弟弟在上学，学费都靠前女友。父母担心王伟今后的生活受到拖累。

虽然深爱前女友，但无奈父母以断绝父子关系为威胁，王伟只好和她分了手。

小鱼离婚了，结婚7年，每天她都像是活在噩梦里。

她非常恨母亲，她当初和前夫恋爱的时候，28岁，母亲常常在她耳边念叨，年纪不小了，看着合适就赶紧把事办了。

被母亲催得晕了头，还没有互相好好了解，两个人就结了婚。

结果，婚后小鱼才发现，老公酗酒，经常喝多了就打她，第二天酒醒了再下跪求原谅。

小鱼提起离婚这事，就会埋怨母亲：当初如果不是她总是催，自己不会急匆匆地结婚，就不会有现在这样的结局。

除了类似的遗憾，我还听过很多这样的抱怨：工作太累了，还需要应酬，自己酒量不行，现在坐上酒桌都有心理阴影了。

我说你不端杯子就没人逼你喝。他说不行，这工作必须喝酒。

我说那你可以换个工作。他说不行，试过，工作太难找。

他一直叹气：为了生活，被逼无奈啊。

◎ 那些选择其实是当时最好的

我想他们大概弄错了，被逼无奈是没有选择，而他们的情况，明明都是有选择余地的，而且都是自己选择的。

如果一个人只能分手、结婚，只有这一个工作可以做，那么他是别无选择，被逼无奈。

但是他们明明可以更勇敢，而王伟选择了和女友分手，小鱼选择了听妈妈的话，倾诉者选择了坚持做这份工作，因为其实那是他们当时能做的最好选择。

因为，人性趋利避害，当时的情况下，他做其他选择还不如这个。

爸爸妈妈不同意王伟和她在一起，因为女方家境不好，拖累太多，王伟可能是孝顺、亲命难违，是不是有可能，当时他自己也对未来的生活充满了担忧？潜意识里也想放弃这段感情呢？

妈妈对小鱼催婚是事实，但结婚还是自己做的决定不是？她内心里，有没有认定自己年龄大了，也想早点解决人生大事呢？要么，她已经被催晕了头，糊涂到把摆脱唠叨重于婚姻的地步了。

至于工作不如意，更不可能是被逼无奈了。现在能选择的机会太多，跳槽不要太容易。无非他把工作看得比健康重要。

他不想承认的恐怕是，以自己的能力，跳槽后的境遇可能还不如现在这份工作。

◎ 人要正视自己和所处的环境

心理学上有个现象，叫“归因环境”。就是人们习惯性地将自己的成功归因于自身努力，而将失败归因于环境不行。

生活中很多时候，我们说到不如意的时候，总觉得是“被逼无奈”，归结原因是命运、家庭、社会……

女朋友离开我，因为她拜金，社会风气不好；我买不起房子，因为房价高，父母没有积蓄为我交首付；我工作没有起色，因为行业不景气，老板没有眼光。

好像自己没有任何问题，做什么都是被逼无奈。

人也常常会后悔：我当初选择错了，如果能让我再来一次，我一定会……

其实，回到当初那个情景，再给你一个机会，你一样会做和当初同样的决定。

不是因为你傻，也不是因为你错，而是在当时的情景下，那个选择就是最好的选择。

就像人在快饿死的时候，面前有一个馒头和一栋房子可以选择拥有，人一定毫不犹豫地选择那个馒头。

不要脱离背景看问题，正视自己，正视当时处的情况，正视当时自己的认知水平。

八月长安在《橘生淮南·暗恋》中说：“要把无奈的‘不得不’美化成自己主动而明智的选择，把被逼无奈的妥协幻化成人生大智慧。”

这不是教你自欺欺人，而是有时候，“不得不”的妥协，是必要的。

人要正视自己有短视，并且为自己的选择承担后果。

◎ 不要为打翻的牛奶哭泣

西方有一句著名的谚语说："不要为打翻的牛奶哭泣。"

在纽约市的一所中学任教的保罗博士给他的学生上过一堂难忘的课。这个班级的多数学生常常为过去的成绩感到不安。他们总是在交完考试卷后充满忧虑，担心自己不能及格，以致影响了下一阶段的学习。

一天，保罗博士在实验室讲课，他先把一瓶牛奶放在桌子上，沉默不语。然后他忽然站了起来，一巴掌把那瓶牛奶打翻在水槽之中，同时大声喊了一句："不要为打翻的牛奶哭泣！"

他叫所有的学生围拢到水槽前仔细看那破碎的瓶子和淌着的牛奶。博士一字一句地说："你们仔细看一看，我希望你们永远记住这个道理。牛奶已经淌光了，不论你怎样后悔和抱怨，都没有办法取回一滴。你们要是事先想一想，加以预防，那瓶奶还可以保住，可是现在晚了，我们现在所能做到的，就是把它忘记，然后注意下一件事。"

这一句平凡的话，看起来是老生常谈，却很少有人做得到，现实中的人们往往懊恼过去，为遗憾和后悔找各种外部原因，却很少用平静的态度来分析自己当时的错误，更谈不上从错失或者"被迫"中总结经验教训。

过去的就让它过去，不必后悔，也不必忧伤，正视自己的问题，但不纠结于事件本身，用新的思维开启新的生活。

◎ 不要活在"如果""我本可以"里

心理学家劳拉·金（Laura King）和乔舒亚·希克斯（Joshua Hicks）提出，个体会经历很多目标的改变，这种目标不断变化的过程，本身就是个体发展的机会。而那些失败了的目标（不再有机会去实现的目标），则被看作“失去了的可能自我”（lost possible selves）。研究发现，人们对待自己“失去了的可能自我”的方式，会影响他们的幸福度。

那些认为现在和未来可能实现“更好自我”的人，比那些关注“失去了的可能自我”的人，感到更幸福。

遗憾过去的人，关注点放在已经失去的事物上，总是想着“如果……就好了”，这种想法让他无视眼前的幸福，使得他更不开心。

王尔德说过：“叹悔经历就是故步自封。”

不要遗憾过去，因为人无论做任何决定都会有遗憾。巴里·施瓦茨在《选择的悖论》这本书里，专门谈到了这个问题。他说，人生的遗憾之一就是“做出决定后的遗憾”，人往往会遗憾自己曾经做出的决定，而且这种遗憾会让人难以面对做出决定之后的境况。

避免遗憾的唯一办法，就是放下，不管过去发生了什么，不管做出了什么决定，就只管往前走，只想以后怎么做。我们无法改变现实，但可以做出努力，减少那些遗憾对我们造成的影响。

人生充满了变数，过去无法改变，而将来要靠今天来创造，不能把握今天，可能我们又会在未来的某一天遗憾曾经的今天。

调整好情绪，把握好现在，不要坐等，不要把宝贵的时间浪费在懊悔之中，把目光放在现在，一切都还来得及。

婚姻中，感情大过天的，基本都失败了

嫁给爱情是我们追求的幸福，但在婚姻里只谈爱情，却是万万不能的。

刚披上婚纱半年的琳达，就已经被现实戳破了粉色泡泡，她觉得很委屈：因为爱他，她放弃了异地的工作，来到一个陌生的城市和他结婚；因为爱他，她没有要求他买婚房，甚至连彩礼也没要；因为爱他，她包容他的脾气，包干家务，还要忍受婆婆欺负自己没有工作。

可琳达没有想到的是，两个人的爱就像花儿不能保鲜，他对自己越来越没有热情和耐心，琳达每天面对一张冰冷的脸，渐渐对感情失去了信心。

我们走入婚姻，因为爱；我们包容，因为爱；我们奉献，因为爱。

这没有错，而且婚姻里有爱是让人向往的状态。但因此，有人把感情、婚姻里所有的问题都推给爱：用爱分析、解决问题。

感情、婚姻里的事情，哪里能用爱不爱来简单归纳。相反，爱和包容，让人忽略了许多婚姻问题的本质，造成情绪积压后蚁穴溃堤。

相当于一个人骨折了，我们却只看到擦伤和红肿，简单消毒，包扎外伤，不仅不解决问题，还耽误了接骨的时间。

婚姻里的很多问题，其实与爱无关，需要跳出婚姻本身，看清本质。

当然，婚姻中要考虑的羁绊很多，并不是每个人都有能力或者幸运得到幸福。但我们是不是可以从中考虑一些普适性的规律，来应对具体的问题？

这可能需要回到一个根本的概念：婚姻是什么？

婚姻是一种社会制度，制度就意味着契约、责任、义务、关系等。

因为这种制度，就建构起相应的文化，人们形成了各种各样的婚恋观。而婚恋观，是个人价值观的一部分，也就是说，一个人有什么样的价值观决定了他的婚恋观，一个人与他人、与社会的相处方式，决定他与伴侣的相处方式。

与他人、与社会相处，要处得好，处得关系顺畅，无外乎几个原则：

◎ 有贡献，才能被承认，才能有尊严，互惠互利的关系才能长久

婚姻同理。

生物学的研究表明，男女求偶的标准，建立在基础的“生存”模式需要上。人类发展到今天，当然不再以生存作为择偶的需要，但也都是趋向于找更优秀的伴侣。

关系的稳定性，在于它的流动性和互动性。也就是说，两个人在一起，一方对另一方只有给予，却得不到经济、精神或者情绪上的回报时，内心产生涸泽感，自然不会有维持关系的动力。

简单的爱、包容与奉献，不能维持家庭的长期稳定，原因就在于此，在于一方的付出，并没有得到回报或者对方的肯定。

◎ 有底线，才有平等

一个人如果长期处于“软柿子被人捏”的状态，真的不要抱怨，那一定

是你给了别人捏的权力。

包容与忍让过度，一般也伴随着对他人期望过度：我对你好，你一定也会相应对待我。到最后，却往往希望落空只剩抱怨。

这一方面需要我们维护底线，另一方面，需要努力变得强大，才能守住底线。

◎ 保障权益的最有效手段是契约

工作、买房、买车，都得签订合同，来保障双方权益，婚姻同样。

西式婚礼中有宣誓的仪式，神父问，“你愿意娶这个女人吗？爱她、忠诚于她，无论她贫困、患病或者残疾，直至死亡？”“你愿意嫁给这个男人吗？爱他、忠诚于他，无论他贫困、患病或者残疾，直至死亡？”

誓言的背后，是契约，代表着责任。那些责任需要细化到生活里。

《纽约时报》曾经刊登了美国的婚姻专家开列出的婚前必问的15个问题，涵盖要不要孩子、家庭收入来源、两个人的消费观、如何处理家庭分歧、双方父母态度等，其实是让即将走入婚姻的人们，理性地分析家庭中的具体问题，并细化责任和义务。

不要用爱和奉献笼统盖过一些问题，拿到结婚证的那一刻，宣告的，并不是你的幸福进了保险箱，而是，从今天开始，你的人生，面临更多需要处理的关系、更复杂的问题，你有心理准备吗？

每对夫妻的关系都包含着三部分：你、我和我们。两个人组成了一个新家庭，除了过去个人的事情，还需要处理“我们”的事情，两个人共同的日常生活，两个大家庭的关系处理，因为我们而诞生的孩子的养育问题……

琐碎而现实的日常，处理这些问题的能力，决定了婚姻质量的高低。

◎ 与他人、与社会相处，关系大不过自我

有人把结婚看作人生的头等大事，再痛苦的婚姻，也不能离婚。

好死不如赖活着，离婚不如干耗着。

一般出于两种原因：一种是为了孩子，为了家庭完整；另一种是害怕世人眼光和非议。但无论出于哪种原因，都是婚姻之外，没有自我。

美剧《欲望都市》里的萨曼莎对男友说："我爱你，但我更爱我自己。我和自己有49年的感情，这是我必须持续下去的。"

独立而自由的人，才能说出这样的话。"自我感"不是突然就有的东西，是一个人长期尊重内心的感受，敢于表达自己，才能拥有的一种安全感。

把自我放在关系的前面，不是自私，反而是对关系负责任的做法。因为选择如何面对一段感情，如果是基于自己的主见，会更有力量去面对和解决感情里的问题，爱自己的人，也更能明白如何爱别人。

"做好自己"比"为你改变"重要多了。

在关系里不敢表达自我的人，往往禁锢自我，顺从他人意见，遵从那些绝对化外在指标，比如成功就是好的，失败是应该被唾弃的。家庭就该是完整的，离婚是万万不可接受的。

抱有这样信念的人们，世俗观念大于天，"自我"在他们眼里是不存在的。他们从来不知道"我是谁""我想要什么"，他们考虑更多的是"这要让别人知道了，会怎么说我"。

他们心里装着别人的话，活成别人嘴里的样子。

◎ 处理关系，必有妥协

都说结婚不只是两个人的事，而是两家人的事。

一个经济独立、思想独立的女人，遇到一个观念老旧却很强势的婆婆，即使不住在一个屋檐下，也会有摩擦的时候。到底是怼，还是忍？

我欣赏的女人是丽丽这样的。她的婆婆嘴特别碎，经常来她家“视察指导”工作，指指点点，比如地面脏了，孩子衣服穿少了。

但婆婆只是说说，没有一定要拿衣服给孩子穿上。丽丽也就任由她说说。

她的原则是“坚守底线，不计小节”。他们小家的事情，还是他们自己做主，至于婆婆说什么，她也不必太计较。

有人说何必为婚姻妥协，何必为婆婆折腰？婆婆明明说得不对，我怎么就不能一吐为快？

而其实，家庭里掌握主动权的，永远不是嘴上的赢家。

没有什么值得不值得，也无关对错，只要生活还要继续，只要你想要保持一段关系，就要抓大放小，坦然地、智慧地向现实妥协。

不仅是婆媳，无论哪种人际关系的处理，都含有妥协的成分。沟通的本意是为了关系的顺畅，而不是对错。

◎ 生活中并没有哪种选择更高级

对爱情期望过高的人，往往很难在婚姻里满意。因为革命不是请客吃饭，生活也不是终日静好。

“一地鸡毛”的生活里，柴米油盐的消磨，有人眼里揉不得沙子，挣脱了婚姻一个人重新开始。有人权衡了又权衡，打落了牙齿往肚里吞，维持着表面平静的婚姻生活。甚至有人，压根儿就不愿意走进婚姻。

并没有哪种选择更高级，任何一种生活都有很多“关”要过，单身也不见得比婚姻生活更轻松。

生活嘛，就是这样。

所以问题并不在于结不结婚，而在于，个人如何面对生活。生活不如意十有八九，而现代人，早已不爱看“宽容淳厚，无怨无悔”的苦情戏。可是要让生活在尘埃里开出花来，光有怨气或者悲愤是不够的。

可可·香奈儿说：我的生活不曾取悦我，所以我创造了自己的生活。

谁又不是呢？

罗曼·罗兰说：世界上只有一种真正的英雄主义，那就是在认清生活的真相之后依然热爱生活。

认识生活的真实，甚至狰狞之处的意义在于，面对冰冷的现实，选择恰当的行动，寻求最好的结果。而不是奢求一生没有坎坷，面对生活却不堪一击。

社会学家保罗·阿马托在《一起孤独：美国婚姻的变化》这本著作里，用调研的实例说明：对婚姻的幻想成分越少，婚姻稳定性越高。

感情并不大过天，爱也不是解决感情问题的灵丹妙药。当爱情走入婚姻，更多的是两个成年人之间的合作，需要生活的智慧，更需要平常心。

面对爱控制的父母，怎样和解

◎ 留美高才生缘何与父母决裂

曾经有则新闻引起了很多人的关注，是留美高才生王猛（化名）拉黑父母、与父母决裂的事情。他是来自四川一个地级市的高考理科状元，本科就读于北京大学最好的专业之一——生物学，本科后又成为美国排名前50大学的研究生。

他12年未回家过春节，不是因为忙，因为他要与父母决裂，已经拉黑父母6年。

很多人觉得奇怪，培养出一个这样优秀的孩子，家庭教育一定是功不可没的。可是为什么，王猛不仅不念及父母的培养，反而对他们充满了怨恨呢？

一切的原因，王猛写在了一封15000余字的长信里，信里记录了他过去的经历，充满了对父母的控诉。

他对父母的不满，主要集中在4个方面：

1. 父母对他的爱是控制型的：

●从小家长把他当女生养，抗议却无效。

●学校举办活动要求穿短裤，家长却逼迫他穿长裤。

●说好的毕业旅行，却始终是"炫耀孩子成就的宣讲会"。

●严格管控他的日常生活，甚至让大姨私下联系他的同学打探其消息。

2. 他说自己是情感的孤儿：向父母求助从未得到支持

在他看来，父母并没有关心自己的成长环境和心理健康，自己成长过程中的数次“求助”都没有得到家人的尊重和支持。

小学时，因为不会剥鸡蛋，他遭到同学的取笑，后来传到家里亲戚耳里，又一次遭到亲戚多次的取笑。父母却视若无睹，从来没有站在他的那一边。

3. 他的父母经常对他使用语言暴力

王猛在初中时代，遭遇了同桌的霸凌，提出希望换个同桌。换来的是父亲谩骂：“同桌有什么影响？”“你凭什么要求学校优待你？就凭你成绩好？”

王猛多次发出求助般的抗议，甚至拿出了“应激障碍症诊断证书”，父母却说都是因为他心胸太狭窄了。

4. 单纯的环境限制了他的社交能力

“我母亲一直倾向于把我关在家里，喜欢按自己的喜好包办事情。”

高中毕业前，他所有的社交圈子几乎都在生活的大院里，“朋友，都是父母认识、了解或者听过的”。

甚至到北京去上大学，到美国去读研究生，父母也是想尽办法托亲戚朋友，打探掌控王猛的情况。

从王猛的信里，我们不难看出，孩子在整个成长的过程中，受了很多的委屈，而父母毫无边界感，一次又一次地伤害孩子。

◎ 父母不是不爱孩子，可能他们真的不懂爱

很少有父母不爱自己的孩子，但如何正确地去爱，却不是每个父母都能做好的。

痛苦的原生家庭，之所以让孩子那么受伤，很多是因为爱的冻结。

爱是家庭关系的润滑剂，是家庭保持活力的源泉，当它不能流动的时候，家庭关系就会紧张。

有的家庭，父母没有受过什么教育，并不懂得教养方法，仅仅因为爱孩子，给了孩子足够的安全感和自由，他们的家庭关系是其乐融融的。

相反，如果家长不会表达爱，甚至给的爱“有毒”，则会给孩子带来难以磨灭的伤害。

那些“有毒的爱”，主要表现有以下几种：

（1）**将爱和控制捆绑**。父母认为爱孩子，就要包办孩子的一生，“都是为你好”，你照做就行了。

就像王猛说，父母对他的控制，无孔不入，给他造成严重的心理负担。

（2）**“我爱你才要求你变得更好。”**这类父母，对孩子的爱的表现是要求完美，“高标准”“严要求”。孩子无论做得多好，父母都不满意。以至于很多孩子缺乏自信，成年后人格、性格和亲密关系上容易出现问题。

（3）**“我挣钱都是为了你。”**父母认为给孩子提供物质条件是第一位的。常见于父母角色缺失的家庭，父母工作忙经常不在家，甚至孩子是留守儿童，孩子因为长期与父母疏离，缺乏安全感、缺爱，不会表达爱和需要。

（4）**“你爱妈妈吗？那你证明给我看。”**父母本身缺乏爱的能力，不知道怎样表达和给予爱，又害怕失去爱，需要孩子不断用行为表达对自己的

爱，以确认自己在孩子心里的重要性。比如“妈宝男”的母亲，往往是这样的情况。

用这些“有毒的爱”滋养长大的孩子，感受不到父母的爱，也无法回馈给父母爱，亲子关系拧巴。

他们很痛苦，内心拒绝父母，却又依赖父母，还夹杂着愧疚等矛盾的心理。

他们长大独立之后，能想到的最简单的解决办法，就是远离父母，可是，他们很多人内心的撕扯还在，并没有放下过去，甚至依然是沿袭过去的家庭模式生活。

◎ 孩子长大了，不能与父母和解，怎么办

过去很多实验，从生物学和心理学的角度证实，人很难摆脱原生家庭带来的影响。

这诚然是事实，但对原生家庭理论一知半解的人，很容易纠结于过往，他们意识到，自己现在的种种问题，是因为和童年及成长中的一系列负面经历。例如，这位留美的高才生，把自己人生中的失败，全部归结于父母。

我想说，这也是一种甩锅。父母一定是有错，但如果全部归罪于他们，就是在说：我没有错，不解决问题。我们需要把关注点放到自己身上来，而不是纠结于对错和追责，才能终结原生家庭的问题。

那到底该怎样做，才能摆脱原生家庭的负面影响呢？

首先，需要了解自我需求以及正常的家庭模式是怎样的。

这是一个自我探索和向外学习的过程。

牛津大学布雷恩·利特尔（Brain Little）博士，一位国际知名的人格和动机心理学领域的学者，说："每个人生下来，就有三个自我：第一个，是父母基因决定的自我；第二个，是环境文化影响下的自我；第三个，是由我们自己所追求的人生目标，和自我价值定位的自我。"

而第三个自我，才是最重要，完全属于自己内心深处的本我。

找到本我，对于一个出生在拧巴的原生家庭里的孩子来说，可能是困难的。但人在成长，环境是会变化的，从家庭到学校，再到社会，人的视野越来越开阔，在这个过程中，人会逐渐剥离出原生家庭，切换不同角色，以应对不同身份。

在这个成长的过程中，我们需要做的，是体会自己的感受，明白自己需要什么，该如何弥补过去的缺失。

首先，我们通过了解外面的世界，与不同的人接触，学习别人和别人家的相处模式。

关系，是互动的、可以变化的。我们通过了解自我和向外学习，改变了自己的行为模式，而父母对待我们的方式，也会相应地改变。

有好的改变，家庭关系才会良性发展。

其次，不期望改变父母，在对他们表达理解和尊重的同时，坚守自己的原则和底线。

王猛觉得在家里受到父母种种控制，而父母却一再强调，"孩子的问题出在后面"，他们认为，王猛之所以要和他们决裂，是因为后来外出求学思想上出了问题。

父母对待子女的方法不得当，伤害了孩子，而他们中的很多人，因为认知的局限性，并不自知，且无论孩子如何表述，他们都不能意识到自己的问题。

这是拧巴的亲子关系无解的地方。

这时候，就没有必要一定争论谁对谁错了，因为家长和孩子站在不同的角度看问题，争论只会徒增新的怨恨，不能解决问题。

孩子要做的，是表达对家人的理解，但坚持自己的立场和边界。

我能理解你们，但我可以表达我的不满，可以拒绝。

最后，我们要做好自己的安抚工作。

有人为了摆脱原生家庭的负面影响，外出求学、打工，甚至移民，看似是一种逃离和成长，其实是假象。只要他的内心还有怨恨，就会一直带着原生家庭的烙印生活，甚至延续到下一代。

因为情绪就是这样，越抗拒，越持续。能摆脱负面影响的办法，恰恰是带着伤痛继续生活，好好生活，不抗拒它，不强迫自己忘了它。

学会照顾自己、安抚自己。用我们希望的家庭相处方式，与自己相处，善待自己的情绪。父母不曾肯定我，我可以肯定自己；父母不懂对我表达爱，我可以温暖自己；父母要求我事事顺从，而现在，我可以自己做主。

自我分化，可能会很难，但我们要允许自己失败，重新再来。

放不下过去，是内心的煎熬，是一种内耗，只会把人困在过往，困在痛苦的情绪里出不来，没有心思去规划未来，也没有办法开始新的生活。

内耗把人留在了痛苦发生的那一刻，无法再向前。

但人生不能重来，已经发生的事情无法改写，与自己的内心和解，或许是一种能集聚力气面对今后生活的办法。

承受是一种担当，而释怀则是一种心态。承受需要坚强的意志、高度的责任感和宽广的胸怀；释怀却需要淡然的心态和勇于放下的态度。

慢慢地，我们再次想起那些伤痛时，可能已经没有那么痛。这时候，我们已经做到了与父母和解。

今天我们聊的主人公王猛，他其实也在积极地自我救赎：他自认为性格弱点太多，赴美读研学的是心理学，他期望通过专业的学习，“能搞清楚自己到底为什么会这样”。

当他搞清楚了那些问题，可能与父母的关系又会有所改变。

而和解，并不只有原谅或者包容父母一条路。与父母和解，其实是在内心与自己的和解。

前段时间特别火的剧《都挺好》的结局让很多人不满意，在重男轻女家庭长大的女儿苏明玉，原生家庭让她遍体鳞伤，最后，却是她独自承担了赡养父亲的责任，大哥回美国和妻女团聚，二哥去非洲开始新生活，苏明玉辞了职照顾生病的父亲。

看起来是个团圆的结局，似乎一家人终于不再互相伤害，关系缓和融洽了。但这并不是苏明玉和原生家庭的和解，那些多年的伤痛，哪里是短时间内能消逝的？

这是苏明玉与自己的和解——她足够强大了，不再纠结于谁负了她、谁压榨她，因为带着怨恨的生活，只能让自己难受，但放下，能内心轻松。

家庭的温暖，是她一直想要却得不到的，现在父亲在身边，能让明玉感受到温暖，她觉得自己拥有了想要的，补偿了自己过去一直以来的缺失。

这对她来说，比职场上的叱咤风云更重要。

她和过去那个拧巴的、不会表达情感的、刀子嘴豆腐心的自己和解了。

既然是她心之所向，那么，这结局有什么不好呢？

原谅只属于强者。当一个人能够自食其力、不依赖父母，当一个人有了强大的内心，可以抗拒他人的伤害，并且有同理心，能够了解父母只是普通人，才有可能谈原谅。

原生家庭对孩子的伤害，的确是一种难以磨灭的阴影，但有阴影的地方，一定就有阳光。

逃离“虚假希望综合征”

◎ 你有没有下过这样的决心？做到了吗

有一类“伪决心”是这样的：

●下决心读书，其实就是某一天我们发现自己学识浅薄，立马去网上下单买了很多书，然而书到了之后，都囤在书架上，几乎没看过。

●下决心健身，其实就是换季时，发现去年的衣服裤子都小了，配不上自己了，于是办健身卡，然后在每一次迈不动腿的时候，下决心明天一定去健身，最后这决心也就一年下了300多次吧。

●下决心早起，其实就是在手机里下时间管理APP，并且加入早起打卡群，然后继续每天晚上熬夜，早上酣睡。

但我们乐此不疲，常常下这样的“伪决心”，一次又一次立下那些打脸的“flag”。

人都不傻，可是为什么总是要和自己过不去，立下那些从来做不到，鬼也不相信的誓言呢？

因为下决心、立誓言本身就能让我们开心了啊，发誓改变，让我们内心充满了希望，仿佛已经看到变瘦、有钱、更博学的自己。

既然立个“flag”就能让人开心，谁还会关心它倒了之后的事情呢？

“伪立志”能给人一种即时满足感——还没有行动，我们已经感觉良好，既然已经感觉好了，还有什么必要改变？

而这种情况，心理学上也有个名词来解释，叫“虚假希望综合征”。

◎ “虚假希望综合征”是个怎样的陷阱

“虚假希望综合征”是凯利·麦格尼格尔在《自控力》这本书中提出的概念，指的就是人们为了缓解当下的心理压力，下决心改变，但并没有真正付诸行动，或者在行动受阻时放弃，然后再次发誓做出改变的循环。

类似下图：

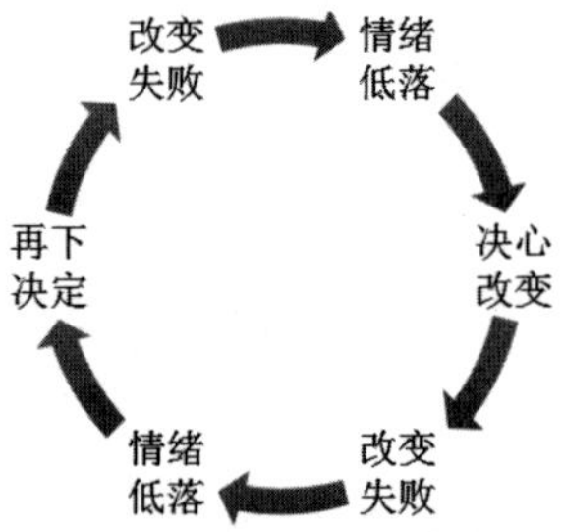

下决心、做改变本身是件好事，但“虚假希望综合征”有别于有效的行动，它不是让人做出改变的妙招，只是让你感觉良好的方法。

下决心是改变过程中最容易的环节。

承诺改变谁都会，但真的要做到坚持承诺和做出改变的人并不太多。

而有“虚假希望综合征”的人，他们一次次放弃，又重新开始，却并没有真的改变。

回想一下，我们什么时候爱下那些没有行动的决心？

基本都是心情不好，遇到点小挫折，或者深夜矫情的时候。

胖了、被鄙视了、前任的新对象比自己好看，哪一样不让人想下决心改变？

哦，还有新年的时候，不设几个目标就显得不慎重，太没仪式感了。

这些决心给人一种错觉，仿佛从这一刻开始，自己已经和过去告别，就要开始掌控新的人生了。

让人充满希望，如同前面所说，我们的心理得到了即时满足，虽然这只是假象，我们的计划和目标可能根本不会实现，但我们的心情好了，压力得到了释放。

不好的方面是，压力小了之后，行动的动力也会减少，这就是为什么我们一边不甘于现状，一边又不思进取的原因。

但这样的满足很有效，所以我们才会不自觉陷入这种情绪化陷阱。

◎ 如何避免掉进“虚假希望综合征”的陷阱里

既然说下了决心却不能坚持改变，是中了情绪化的陷阱，对我们的生活质量和心理状态没有实质性的改变，那么我们做点什么，才能避免掉入这样的陷阱呢？

我觉得最重要的一点是：想要改变就去做，不要花太多工夫在前期准备上，也不要担心做不好。

很多人做事情之前，忙东忙西做各种准备。

我有个朋友学做手账，还没开始学，就买了各种漂亮的本子、胶带、名牌笔……光做这些事情，她就已经觉得很满足了。

至于做手账这回事，她倒是迟迟没有开始，因为她觉得自己的字有点丑，画得也不够好看，她不想浪费那么漂亮的笔记本。——也就是说，做了那么多准备，她还是没有学会做手账。

实际上，首先，想到就去做，不要下太多决心，不要做准备到“万无一失”，尽快开始就好了。

不要担心做不好，遇到问题再解决，胜过万事俱备却没有行动。

其次，不要设定远大宏伟的目标。

我们想要改变，因为向往更好的生活和自己，但我们决定改变的时候，目标往往过于宏伟和远大。

就像租住在蜗居里的人，幻想的是买栋属于自己的豪宅，最不济也想着买套小房子，很少有人设想的改变是租套大点的、条件好点的房子。

人心就是这样，没有宏伟的目标，好像就不能显示自己有志气。更何况，如果宏伟的计划能使我们心情大好，我们为什么要设定只能让自己心情好点的小目标呢？如果有远大的理想，我们为什么要选择不起眼的呢？

可是，过于远大宏伟的目标，是眼前行动的绊脚石。

它让人在短暂的兴奋之后感到失落，因为短期内做不到、实现不了！

行动带来的快乐，可不像“下决心”来得那么容易，当我们面对挫折时，我们觉得离目标越来越远的时候，难免会自我否定，觉得自己太差劲，估计永远也实现不了理想，失去了对自己的信心，很容易放弃。

但是如果我们把目标改一改，如果我们下的决心，都是眼前最实际、最可行的目标，情况可能就大不一样了，人取得一点点的进步，并超越它，会更有前进的动力，更容易实现大的飞跃。

再者，要谅解自己，如果对自己太狠，行动往往坚持不了太久。

比如很多人靠控制饮食来减肥，却总是失败，“越减越肥”，这和意愿太强烈、太克制有关，他们内心是想吃的，仅凭意念控制着自己，可是一旦失控，会吃得更多。

饮食研究人员珍妮特·波利维和皮特·赫尔曼，提出了“那又如何”效应，这种效应描述了人从放纵、后悔到更严重的放纵的恶性循环。

研究人员注意到，很多节食者会因为自己偶尔的失误，比如多吃了一块比萨或者一口蛋糕，而感到情绪低落。

他们会觉得，自己的整个节食计划都被打乱了，但这时候，往往他们不会不吃第二口，相反，他们会说："那又如何，既然我已经破坏了节食计划，不如把它吃光吧。"

而如果他们能放轻松，允许自己偶尔多吃一点，那么在多吃了一口之后，内心不会有太多的自我谴责，不至于用继续吃来慰藉当时低落的情绪。

"那又如何"效应，影响着我们很多人，在失败了一次之后，我们往往自责，内心焦虑，但为了抚慰自己的情绪，会再次放纵，导致更大的失败。

就像有人做了一件不得体的事情，内心满是懊恼、罪恶感，但他从这种自责中解脱出来的办法，并不是行为更得体，而是"破罐子破摔"——反正已经搞砸了，弄得更糟也无妨了。

过度的自我批评，有时候不仅不利于我们改正错误，还会导致我们降低积极性和自控能力，同时也是导致抑郁的因素。

打破"那又如何"的循环，就要做到自我谅解，允许自己偶尔的失误和放松，消除罪恶感和过高要求，摆脱失败后的低落情绪，打破循环中的一环，最终解决行动困境。

最后要提醒的是，生病也是造成情绪低落、心理压力变大的重要原因，患病时容易让人懈怠，做一些不切实际的"决定"。

因为这时候，免疫系统把体内大部分葡萄糖用来对抗疾病，留给大脑前额皮质用于自控的葡萄糖就不足。

所以，还是要锻炼身体，减少生病，不至于花费太多意志力资源在调节失落情绪上，而是能把意志力留在行动做出改变上。

如何与讨厌的负面情绪相处

◎ 成年人的负面情绪，是久治不愈的慢性病

众生皆苦，成年人的生活没有“容易”两个字。

在日复一日的工作、生活里，我们面对的压力太多，那些不顺心的事情，如细雨连绵，看起来可能都不是什么大事，却慢慢地侵蚀着我们的内心。

负面情绪每日在堆积，我们却无能为力，还要尽力压制它们，不要让别人看出来，我们要表现得很好，不然，脆弱给谁看？

上个月我见到姚莉的时候，暴瘦到我认不出来，她在互联网公司工作，在去年的经济寒冬里被劝退了，前两个月又发现老公出轨，接连的打击让她患上了暴食症。

她每天都在吃，一直一直吃，吃到吐，然后再接着吃。一边吃一边哭，拿起电话，却又想到大家都很忙，就不知道该打给谁了。

然而除了暴瘦，我却看不出她的任何情绪，她说自己在没人的时候崩溃过千百次，甚至想过自杀，但出门的时候，都假装镇定，好像什么事都没发生。

我很痛心，想到了一条微博，觉得十分准确地形容了这种状态：“现代人的崩溃是一种默不作声的崩溃。看起来很正常，会说笑、会打闹、会社交，

表面平静，实际上心里的糟心事已经积累到一定程度了。不会摔门砸东西，不会流眼泪或歇斯底里。但可能某一秒突然就积累到极致了，也不说话，也不真的崩溃，也不太想活，也不敢去死。”

成年人的负面情绪，是久治不愈的慢性病，压抑了太久，积累了太多，想要消除，谈何容易？

◎ 讨厌的负面情绪，到底能不能消除

我们知道，一个人情绪积压久了，会出现问题。

如果长时间向内积压，个人一直克制一直忍受，就容易抑郁，而自己压制不了情绪了，向外爆发，就可能会崩溃、会发脾气。

每个人都会遭遇大大小小的心灵创伤，它让我们焦虑、麻木甚至愤怒，无法集中注意力、记忆力下降，学习、生活无法正常进行，人际关系也受到影响。

也许有的人还不明白，自己的痛苦其实是患上了抑郁症的原因，可以去专业医院进行检查排除。

而一些症状并不严重的人，也饱受负面情绪的困扰，很想摆脱，却越来越痛苦。这是因为，大脑和身体从来没有忘记事件发生时的感受。即使事情已经过去了很久，但当时造成的创伤已经形成，只要有一丁点诱因，我们就又陷入情绪的困扰里。

有一句话叫作“越抗拒，越持续”，指的就是越是想逃脱负面情绪，想忽略掉内心感受的人，就越是会受到这些感受的困扰。

世界知名心理创伤治疗大师巴塞尔·范德考克在他的经典著作《身体从未忘记》中写道：“我们痛苦的最大来源是我们的自我欺骗。人们如果不知

道自己所知道的，感觉不到自己所感觉到的，就永远不能痊愈。”

也就是说，我们想摆脱痛苦，就要真切地体会自己正在经历的一切，包括身体的感觉、心里的感受等。感受它最关键的是，要接受它，当它是自己的一部分，不然，我们心里的拒绝会让自己无法碰触到它，更不要谈感受它。

我们要消除负面情绪，首先要和它和平共处。

◎ 讨厌的负面情绪，我们该如何与它相处

1. 首先要学会接纳、认识情绪，找出自己的情绪地雷区

前面也说了，情绪这个东西，不是你想摆脱就能摆脱的。相反，人越是想压制情绪，它就越是顽固地存在。

那么，情绪来的时候，不要排斥它，让自己慢一拍，然后想办法去认识、排解当下的情绪。

认识情绪我们可以分为几步来：

（1）是谁、是什么事情让我难受？

比如：客户为难我，给的要求模糊又宽泛，我修改了三次方案，他们都不满意，也说不出问题在哪里，这让我怎么改？不是故意在刁难我吗？

领导也不分青红皂白，只说客户至上，让我改改改，让我和客户沟通。

我怎么沟通，怎么改？

（2）是这件事让我难受，还是我对事情的反应让自己难受？

有人可能会说，这肯定是事情有问题啊，客户难缠，领导又和稀泥。

那么，我们想一想，是不是因为我们觉得“客户难缠、领导和稀泥、自己受了委屈”，这个认知让我们产生了情绪，才会难受的？

当我们面对情绪的时候，无论是愤怒、伤心还是厌恶，都停下来想一下，

这种情绪，是不是因为我们的认知产生的？

在了解了自己的情绪后，分析情绪的“地雷区”，也就是什么样的事件容易引爆自己的脾气，是什么原因让这些事件成了引爆点。

然后，再来“扫雷”。对压力事件采取相应的措施，避免情绪再次失控。

另外情绪其实也有周期，有时候我们会莫名其妙地情绪低落，或者烦躁，其实很正常，这种人体内部周期性的张弛规律，也被称为“情绪生物节律”。我们可以花一点时间，总结自己的情绪规律，预测情绪低谷期和高潮期等，调整工作和活动，以减少冲突。

（3）怎样改变认知，让自己不难受？

比如，放下“客户难缠、领导和稀泥”的想法，回到事情本身，方案到底有没有问题？和客户的沟通到底有没有问题？站在领导的角度，他是的确不了解情况胡乱批评，还是的确方案需要改善？

在分析的过程中，发现自己的认知模式和情绪反应模式。

这样做，并不是说你之前认为“客户难缠、领导和稀泥”是错的，而是让自己的情绪走出困境，基于自己对事件的解释，分析自己的感受，从而调整自我。

2. 学着了解身体的感受

人，是一个身与心的复合体，很多心理现象，都会伴随着身体的反应，比如，人愤怒的时候，一般会心跳加速、体温升高等。

图尔库大学的神经科科学家劳里·努门马（Lauri Nummenmaa）领导的芬兰研究小组制作了“人类情绪感受空间”的详细地图。

2014年发表的情绪身体地图显示了一些与基本情绪（如愤怒、恐惧、幸福和悲伤等）和复杂的情绪状态（如焦虑、爱、骄傲和羞愧等）相关的独特的身体感觉。

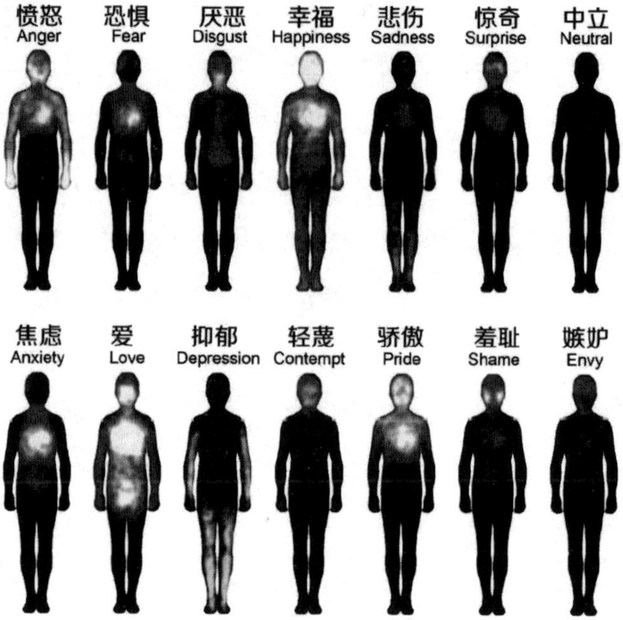

当一个人经常注意自己身体上的感受，他就会建立一种对于身体的熟悉感，当某些情绪出现，伴随而来的身体感受也会被注意到，当人意识到这一点，就会知道自己处于情绪之中，就可以采取恰当的行动，暂时从情绪中抽离。

去除大脑思维先入为主的想法，让答案从身体传到大脑。在感知自己身体的时候，觉察到身体的警示，做出相应的调整，能有效控制情绪。

3. 不要想做一个人人都满意的人

一个人的情绪容易被外界影响，容易被他人的评价而改变，主要是个人在意别人的看法，担心自己在别人心目中的形象。

因此，容易因为别人的评价和态度，影响到自己的心情。

那就需要个人对自己有客观的认知、正确的评价，树立自信。去掉迎合他人的想法，以及完美主义。

你要知道，这个世界上，不可能每个人都喜欢你。

美国心理学家豪克指出：“我们有可能评价一个人的自我的不同方面，但不可能对他给出一个单一的评价，因为一个人实在太复杂了。”评判一个复杂的人，怎么可能都是正面的呢，所以不需要在乎那些闲言碎语。

越在乎他人感受的人，越是容易压抑自己的负面情绪，也更容易积压情绪。

试着像接受别人的不完美一样接受自己，接受自己身上的缺点、负面的情绪、不好的表现，拥抱完整的自己。

你不需要那么“好相处”

近几年宫斗剧大热，从《甄嬛传》，到《延禧攻略》《如懿传》，每一部都引起广泛关注。

我们为什么爱看这些宫斗剧？因为这些剧，都是讲小人物的逆袭，讲受尽了磨难和鄙夷的平凡人，一步一步走向人生巅峰，并收拾了过去给她们“穿小鞋”的人。这些剧情，看着真让人畅快淋漓，坏人终有恶报，而好人，也没有憋屈，该骂的时候骂，能打的时候打——这些现实中我们不敢做的事情，剧里都有人做了，观众当然有代入感。

剧里的皇宫，和我们身处的职场并没有什么不同，而我们，就像剧中的“弱者”，只是，我们更弱，剧中人可以打可以骂，而我们，很多时候只能忍着。

◎ 好相处，是一种妥协

有的人工作勤勉，一个人干了几个人的事，却得不到领导赏识，也只敢在心里骂骂，脸上不敢露出半点不满。

有的人敏感不自信，因为别人的一句否定的话而神伤很多天，处处为别人着想，自己却处处受伤。

他们忍受，但并不代表他们应该承受那些不公正的对待，只是，内心有个声音在告诉他们：“算了，抬头不见低头见，不要和别人发生冲突。”

一个人总是忍让、“懂事”，那么他受气、被伤害是难免的。

敏感、能忍让的人，可能与人更好相处，但这不是与生俱来的，而是环境给予的，太忍让的人，“懂事”就是他的保护壳，而他的内心，毫无安全感可言。

约翰·弗瑞尔写过一本书，名叫《小大人症候群：重塑我的家，拾回完整自我》。

他介绍了小大人症候群，指的是那些内心得不到足够关爱，不能表达自己的真实情绪的孩子，早早“懂事”，长大后却沉溺过去，害怕未来，找不到生活意义的症状。

他们虽然长大了，但却没有真正的成熟，只是小时候，就把自己的内心封闭起来了，他们不敢表达自己真实的感受和需求，他们只是对现实、对父母妥协了。

荒谬的是，大人们常常表扬那些不表达自我的孩子：你很乖，懂事，能体谅爸爸妈妈。

“懂事”的孩子长大了，也一般是个“好相处”的人，因为他们习惯了妥协，习惯了站在别人的角度，却忽视自己的感受。

◎ 好相处，可能只是为了合群

很多人和周围的人搞好关系，就仅仅是为了和别人打成一片，不被集体排除在外。

有的学生明明想看书，但寝室同学都在玩游戏，自己不想显得是个异类，于是加入他们，荒废了四年大学时光，追悔莫及。

有人下班很累，想好好休息，但同事邀约去聚餐唱歌，为了合群，立马答应，结果午夜回到家，累瘫，而第二天还得早起工作，觉得日子无比辛苦。

《乌合之众：大众心理学研究》一书里有句话是这样说的："人一到群体中，智商就严重降低，为了获得认同，个体愿意抛弃是非，用智商去换取那份让人倍感安全的归属感。"

这话尖刻又无法反驳，人为了合群，为了大家接受他，真的是可以放弃立场的。

可是，放弃独立思考，换来归宿感，得不偿失。它让人忘记自己的目标，曲意迎合，最终人变得越来越平庸。

◎ 有底线，生活才能更如意

有时候我们迎合别人，独自承担着各种压力，却一味放低自己的底线，却没有意识到，这样做，不仅得不到感激，反而给了别人越界、践踏的权力。

我们从小就被教育做个"好人"，要谦让，不要太计较，吃亏是福。可是，我们长大后，成了一个好人的模样，却为什么感觉憋屈，十分不快乐呢？

因为我们过多地在意别人的情绪，却忘记了，关心自己；我们步步退让，却没有注意到，自己已经没了底线。

我们时刻想着为别人提供价值，但这种关系是不对等的，一旦我们对他人"无用"，我们就显得毫无价值了。

观点分享类节目《奇葩大会》上，"天才作家"蒋方舟，自曝曾是讨好型人格的人。她说"我因为太希望别人喜欢自己了，而成了一个谄媚的人""我从没有和任何一个人，产生过'真实'的关系"。

什么是"真实的关系"呢？

是和人交往的过程中，我们不迎合别人，不害怕别人不喜欢我们，我们能够做真实的自己，坦诚自己的想法，不过分用力去维护关系，关系自然而放松。

而讨好型人格的人，很难做到这一点，他们总是活在别人对自己的期待中，用敏感而卑微的姿态取悦对方，无条件付出，不停追逐外界对自己的认可，为此不遗余力，却往往收效甚微——他们的存在被忽视，他们的情绪没有人在意。

心理学家武志红说过："我们总是习惯谈牺牲，习惯谈忍让，总是担心会伤害别人，也怕自己会受到伤害。但成年人之间谁也不容易摧毁谁。当别人感知到你是一个不好惹的人时，你反而容易得到尊重，最后也容易收获好的关系。"

是啊，一味想要做个"好人"，不允许自己表达情绪。自己都不尊重自己的感受，别人又怎么会尊重你呢？学会拒绝、反抗，不要压抑、忽视自己，是接纳自己情绪，并且尊重自我感受的表现。

不愿意、不高兴、不满意，就要大胆说出来，不憋屈自己，也让身边人意识到你的重要性。

◎ 人需要一点"被讨厌的勇气"

工作中，如果我们掩饰自我的真实感受，势必降低工作效率。生活中，我们一味忍让，只会让自己憋屈难受。如果你是这样一个"好相处"而又委屈的人，是时候做出改变了。

1. 消除"拒绝敏感"

心理学上有个词叫"拒绝敏感"，是指个体对拒绝的焦虑预期、准备性知觉和过度反应的一种倾向，即对人际交往中将会出现的拒绝、不适及痛苦遭遇的担心和惧怕。

在日常生活中，当人们被他人拒绝时，不同的人对拒绝往往产生不同程度的反应，有些人可能很好地理解和处理这样的事件，而另外一些人对他人的拒绝会产生过度的情绪及行为反应，甚至将他人模棱两可的行为也理解成拒绝，从而影响到人际交往，这种差异就是拒绝敏感。

拒绝敏感的人，对社会关系有消极的预期，害怕拒绝导致关系破裂。但其实，真正坚固的关系不会因为你说了“不”就完结、无法继续的关系，也和拒绝没有联系——不喜欢你的人，无论你如何讨好、凡事答应他，他也还是和你亲近不起来。

不要对拒绝敏感，我们要拒绝的是越界的事，而不是面前的这个人，迈过心里那道坎，放心多说几次“不”试试。

2. 被讨厌的勇气

畅销书《被讨厌的勇气》里有一句话：“你为什么只盯着缺点就是不肯去喜欢自己呢？那是因为你太害怕被他人讨厌、害怕在人际关系中受伤。”

“老好人”们希望得到别人的认可，权衡着各种关系，害怕得罪人。他们为了满足别人的期待和要求，宁愿舍弃自己的意愿。

当我们选择一种自由的生活方式，就要有被别人讨厌的勇气。

不要害怕表达自己的意愿和情绪，即使说出来让对方有不满，也胜过毫无原则的让步。

但表达情绪，并不等于情绪宣泄，也不要用评价的方式进行人身攻击。

避免冲突，而又能坚守底线，最好的办法，是在表达自己不满情绪的同时，肯定他人的价值。

3. 练就“气场”

人不仅可以通过言语，也可以通过自己的行为告诉对方，你希望别人如何与你相处，怎样对待你。

这其实需要你从内心认为两人是平等的，在行为上你才不会有畏缩、讨好的模样。

我们常常用“气场强”来说一个人的气质能影响周围的人，而那些性格相对弱的人，一般来说，气场也弱一点，或者说他们没有强烈的个性和性格。

“气场”似乎是一种说不清楚的力量，但其实反映的是一个人内心的坚定程度和自信。

而要用行为来改变别人对待自己的方式，则是通过自己笃定的行为、明确的态度，来告诉对方：个人的权力不可侵犯，私人的界限不许打破。

当我们拥有足够的决心来坚定自己的立场，行为上一定也能更强大。

怎样爱自己、对自己好

◎ 对自己好一点，不只是买买买

广告商家总是鼓吹“女人要对自己好一点”，似乎只有买买买才是对自己好。

的确，对自己好不好，和物质满足有关系。不过，一个人如果没有自我的价值感，花多少钱也买不来开心快乐。

购物狂们买了那么多东西，却多是闲置的，因为他们要通过不断购物的行为来满足内心需求，他们购物过程中的快乐远远超过购物结果，购买过程结束后，他们内心不再感受到快乐时，就再次开始新一轮购物行为。

爱自己的方式有很多种，但仅仅建立在买东西的层面上的对自己好，一方面，是缺乏自尊自信、内心空虚，只得用购物的方式来填补；另一方面，是个人缺乏内在价值感，需要通过炫耀性购物、别人的羡慕等来达到自我的肯定。

而真正爱自己的人，心是自由的。对自己好，发自内心地认同自己，爱护自己，不因为别人的评价干扰自己的判断。

◎ 自我认同

一个人的自我价值感来自三个方面：一是自我认同，二是他人的评价，三是比较。而后两者，常常影响着自我认同。

尤其是低自尊的人，总是希望寻求别人的认同和肯定，如果别人对自己有负面评价，他也会觉得自己很差劲，没有价值感。

雯雯热衷整容，每次见她，她的脸都有一点变化，人变得越来越美，脾气却还是那么火暴。昨天一见我，就气呼呼地说："前同事也太不长眼了，居然说认不出我来了，还说我脸整得和谁谁谁一样，真是气死我了！我花真金白银整出来的脸，居然和一个丑女撞脸！"

她气呼呼的样子其实还很可爱，但是何必把别人的话放在心上呢，变美不只是让人觉得你好看，更是让自己开心的。

雯雯对自己的长相不满意，她希望通过改变自己来获得爱和尊重，可这反而给自己带来了更多的焦虑，甚至因为别人一句无心的话而生气，那整容本身就毫无意义了，因为整或者不整，一定都会有人评价她的外貌，甚至整过之后的评价更多。

如果一个人过于关注别人的批评，让别人主导了自己的思想和行为，是没法客观地认识自己的，更无法建立起自我认同，对自己的价值评价自然会低。

但其实，任何人都不能评价和限定我们的价值，他们对我们的评价，永远是站在自己的角度，通过对我们行为做出的主观判断，他们并不了解我们的内心活动，不了解我们做事的起因，甚至只是从我们某种行为的某个时刻就下了判断，如果我们因此来评定自己，实在是跑偏了方向。

◎ 爱自己也是无条件的

对于很多胖女孩来说，减肥可能是她生活中很重要的事情，就像美剧《我们这一天》里，胖女孩凯特因为身材遭受了很多歧视，她所以不自信，不接受自己。

但比减肥这件事本身更困扰她的，其实是自我的限制，似乎只有瘦下来，她才能变美变得出色。

凯特说自己人生中最重要的事是减肥，如果不做到这件事，她无法做其他任何事。她冒着几十种并发症的风险去做胃切除手术，甚至因为男朋友打扰她减肥，就要分手。

她魔怔般减肥，直到弟弟的女友一针见血地说："你最大的恐惧不是胖！是如果瘦下来了，万一什么都没有改变，还是那个你，并不优秀出色怎么办？"

是啊，胖只是一个女孩自认平庸的借口，如果变瘦了而她并没有更优秀，要承认自己真的平凡，才是最难面对的事情。

然而我们大多数人都是平凡的，面对的烦恼忧愁一样没少，我们可以接受别人平庸，接纳自己却那么难。

要接受自己，爱自己，就要爱自己的全部。缺点也是自己的一部分，不要排斥，不要因为自己认为的缺点而自我判定"这样不行"，为了被人认可，我得改变。不是这样，真的。就像你能接受别人的不完美一样，也请包容自己的缺点和瑕疵。

接受自己的缺点和平凡，没什么不好，对自己都不宽容，怎么能指望别人包容你呢？对自己好，不仅仅是体现在买贵的东西犒劳自己，更是要接纳自己。

对自己的爱也要无条件，不因为其他因素而改变。很多人的自我价值感，是建立在某种身份、地位或者别人认可上的，甚至是和同龄人比较上的价值感。这种价值感会随着身份地位的变化发生变化，是虚假的价值感。

如果一个人有较好的身份地位，有人认可，有人爱，他才对自己比较满意，个人价值感比较高。一旦失去这样的身份地位，被人抛弃，被人否定，他立刻感觉自己低到尘埃里，生活就没了重心。这不是爱自己，也不是真正接纳自己。名誉地位、别人的认可都是可能失去的，建立在这些东西上的价值感是不安全的。

真正做到对自己爱得无条件，就像母亲对待孩子一样，用自己的爱和包容滋养自己，我不完美，但我很好，今天的失败并不能说明什么，只是一种经历，我不需要所有人的认可，就像我也并不认可所有人。

◎ 不给自己设限，不为难自己

我们的内心不仅需要安放，还需要自由，不要有太多束缚和限制。

太多思想上的限制是行动的阻力。比如我必须怎样，“如果不……就不能……”等之类的想法。

我们身边有多少像前面说到的凯特这样的“胖女孩”呢？她们把所有的希望都寄托在“瘦下来”这件事上，却没有发现——明明我胖，也有人爱；我胖，生活也不算差，但她们总是在内心一再为难自己，要求自己瘦一点再瘦一点。

比起解决身材问题，解决自己内心的限制，对自己过高的要求，或者自卑认为自己做不到，才是更重要的问题啊。

放下这些自我设置的限制，你会发现，我们希望得到的那些，并不需要

“更美、更瘦、更有钱”这些前提条件。

不满意自己，只会带来焦虑，并不会让我们更完美。要成为更好的自己，关键是心态要更好，相信自己，努力就好，没有什么事情是必须怎样才能如何。

无论现状如何，都积极思考，关注事物的正面，不骄不躁，给自己多一点善意，少一点苛刻的要求，去掉那些内心的限制，人有无限的可能性。

◎ 照顾精疲力竭的自己，有所取舍

人的自我价值感低，除了依赖别人的评价，还来自自我的内心消耗，我们太累了，忙着工作，忙着照顾家人，却常常忘记了照顾自己。

现代人的生活像是负重前行，压力大，日复一日的琐事让人精疲力竭、脾气变大，感受不到快乐，仿佛身体都失去了活力，这时候的人，自我价值感非常低，觉得自己一无是处，生活无趣，人生毫无意义。

哈佛大学医学专家赫伯特·本林说：“当一个人的身心过分紧张时，他的机体免疫能力便会被削弱。”

可能我们需要做一些取舍，毕竟人生不同的阶段有不一样的重心。我们得接受一个事实：要做到面面俱到，或者保持各方面平衡很难。时间在哪里，成绩就在哪里。

舍弃，是在一个时间段内，只选取一个主要目标，放弃其他目标。如果时间和情境发生变化，再调整目标。

有个著名的关于舍弃的故事，讲的是巴菲特私人飞机的飞行员弗林特（Flint），请教巴菲特关于自己职业生涯的事情，巴菲特让弗林特写下他职业生涯最重要的25个目标，然后圈出他认为最重要的5个。弗林特以为巴菲特的意思是，现在马上开始着手于实现这5个目标，然后慢慢实现那另外20个。

巴菲特的回答却出乎常理，他说不是，那些你并没有圈出来的目标，不是你应该在闲暇时间慢慢完成的事，而是你应该尽全力避免去做的事——你应该像躲避瘟疫一样躲避它们，不要让它们消耗你的时间和注意力。

同样，对于任何一个压力过大、感到精疲力竭的人，都可以写出自己的目标，而且这个目标要尽量少，目标明确，纠结就少。

有所为、有所不为，能减少人生中很多的焦虑，这也是解决我们常烦恼的效率问题的关键，砍掉不紧急、不重要的事务计划，聚焦在重要的事情上，效率当然会提高。

当我们做好那些自己能掌控的东西，自然会提高对未知事物的应对能力，所以，不需要想太远，做好眼前事。

同时，接受自己不是超人的现实，允许自己有做不到的、做不好的事情。

人生不是天平，没办法做到完全平衡，做自己想成为的角色就好了。

爱自己，对自己好一点，如同尼采所说：“一切就从尊敬自己开始，尊敬一事无成、毫无成就的自己。”